Mein cooles Cabrio

Chris Haddon

Fotografiert von **Lyndon McNeil**

Aus dem Englischen
von Claudia Arlinghaus

KNESEBECK

Inhalt

Einführung 7

Innig geliebt 11
Morris Minor 1000 12
Studebaker 16
Lotus Elan Sprint 20
MG TC Midget 22
Wolseley Hornet 25
Cadillac Series 62 28
Lagonda M45 32
Vignale Gamine 36
Honda S800 38
Renault Caravelle 40

Erstklassig 43
Rolls-Royce Phantom II Continental 44
Karmann Ghia 46
Daimler SP 250 Dart 51
Mercedes-Benz 380SL 55
Alfa Romeo 57
Frazer Nash BMW 328 61
Ford Consul 65
Corvette Sting Ray 66
Jaguar XJ-S 70
Bristol 405 73
Aston Martin DB6 Vantage Volante 77
Fiat 1100 Barchetta & Bandini Siluro 80

Youngtimer 85
Triumph TR7 86
Vauxhall Cavalier 89
Porsche 914 93
Škoda Rapid 96
TVR 450 SEAC 99
VW Golf GTI 102
Reliant Scimitar SS1 105
Saab 900 Turbo 108
Peugeot 304 111
Talbot Samba 115

Individualisten 119
Westfield Eleven 120
VW Buggy 124
Nash Metropolitan 128
Cadillac Eldorado 132
Simca Océane 136
Ford Model A 140
Land Rover 145
Amphicar 149
Crayford Ford Cortina 152

Nützliche Adressen 156
Bildnachweis 158
Dank 159

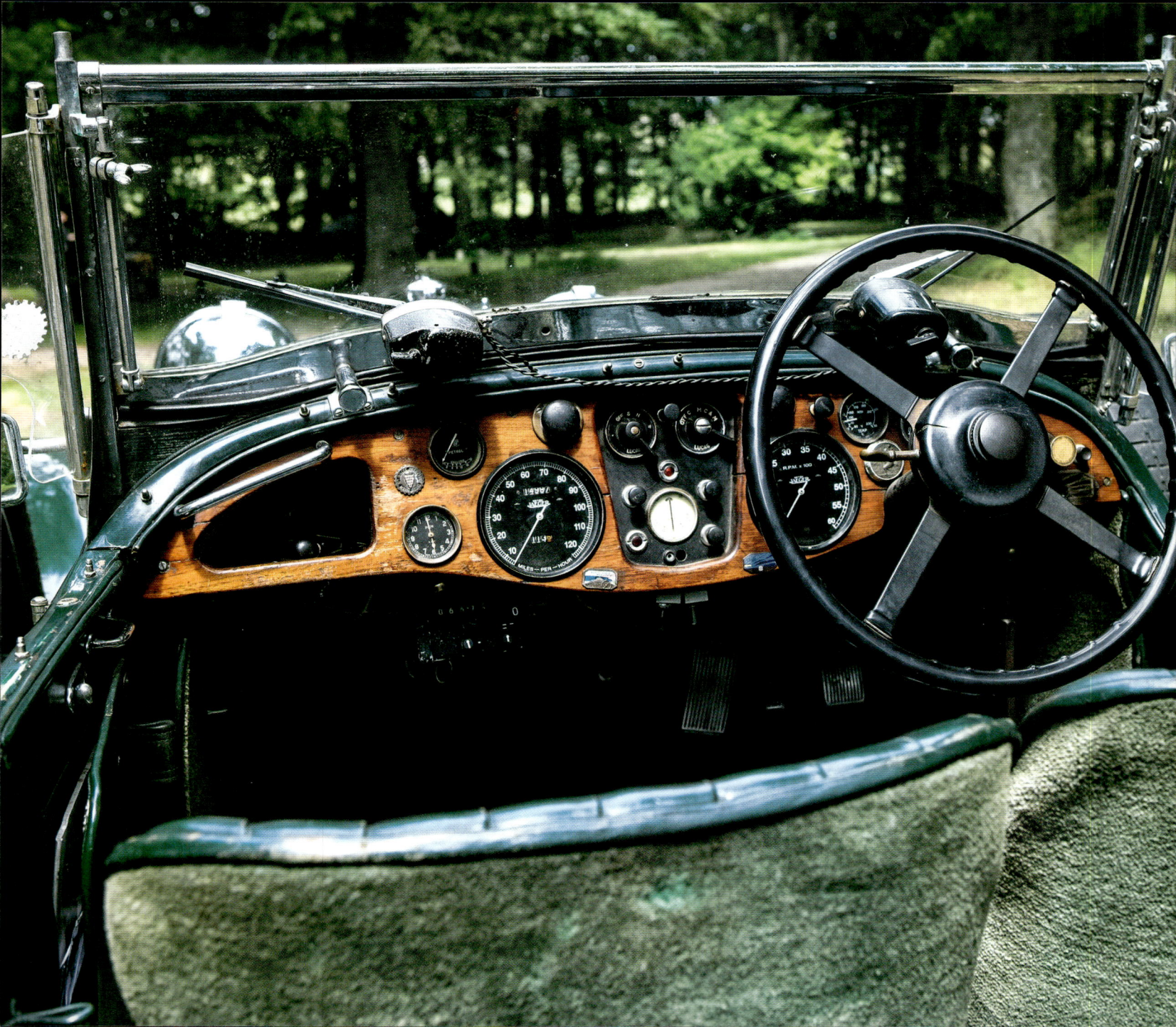

Einführung

Das Cabriolet: Eine jener Ausnahmen, bei denen »weniger« eindeutig »mehr« ist. Wer würde nicht die Gelegenheit beim Schopf packen und sich für einen dieser offenen Wagen entscheiden – erst recht, wenn es sich um einen Klassiker handelt? Dieser pure Fahrgenuss auf Rädern ist und bleibt ein grandioser Gegenentwurf zu den hermetisch verschlossenen Fahrzeugen unserer Tage, die unsere Augen, Ohren und Nasen von allen Außenreizen abschotten.

In der Pionierzeit des Automobils fanden sich die Fahrgäste den Elementen schutzlos ausgeliefert. Die frühen Automobile waren im Grunde motorisierte Pferdekutschen – wer darin von Regen überrascht wurde, den malträtierte der nasse Gegenwind auf eine Weise, die er so bald nicht wieder vergaß. Einzig die Kleidung schützte die Insassen vor der Witterung, die ihnen entgegenschlug. So entwarfen bald diverse geschäftstüchtige Hersteller Oberbekleidung aus festen Stoffen speziell für reiche Automobilisten. Ein faltbares Stoffverdeck wie beim Landauer, der vierrädrigen »konvertiblen« Pferdekutsche, trat erst Ende des 19. Jahrhunderts in Erscheinung – eine deutliche Verbesserung, auch wenn das Verdeck längst nicht wasser- oder winddicht war. Doch je mehr Zeit die Fahrer am Lenkrad verbrachten, und dies auf denkbar ungeeigneten Wegen, desto lauter wurde ihre Forderung nach grundlegendem Komfort. Als schließlich die Massenproduktion den Luxus eines wetterdichten Autodachs auch für den durchschnittlichen Käufer erschwinglich machte, schien für den offenen Wagen das letzte Stündlein geschlagen. Und doch hatte, wie so oft, auch hier der Verlust zur Folge, dass man das Vergangene neu schätzen lernte.

Ein entscheidender Schritt in diese Richtung war der überragende Peugeot 601 Eclipse aus dem Jahr 1934 – das weltweit erste Automobil mit elektrisch versenkbarem Metalldach. In diesem Buch werden Ihnen vergleichbare Vorkriegsmodelle begegnen, darunter ein Lagonda M45, der 1936 die Rallye Monte Carlo fuhr, sowie ein Frazer Nash BMW, das wertvollste der hier vorgestellten Fahrzeuge, den der Erstbesitzer 1937 als erste Amtshandlung über die Brooklands-Rennstrecke jagte. In den 1950er-Jahren wurden bereits viele Modelle mit elektrisch versenkbarem Verdeck ausgestattet, etwa die 62er-Serie des Cadillac, die uns im ersten Kapitel begegnet. Nun war der Fahrer nicht mehr gezwungen auszusteigen, sobald er sich bei umschlagender Witterung ums Dach kümmern musste. Weder vollklimatisierte Innenräume noch Sonnendach, Targa oder T-Top schafften es, dem Traum vom völlig offenen Cabrio ein Ende zu bereiten – das Verlangen nach Ausfahrten mit flatterndem Haar war stets stärker. So etablierten sich spezielle Umbaubetriebe wie Crayford, die Klassiker wie den Ford Cortina und die Wolseley Hornet in Cabriolets verwandelten.

Die 1980er-Jahre schließlich – bisweilen als das Jahrzehnt der Geschmacksverirrungen bezeichnet – brachten offene Versionen beispielsweise vom Talbot Samba und vom Reliant Scimitar hervor, die sich entgegen aller Erwartungen zu begehrten Sammlerstücken entwickelten.

Mein cooles Cabrio gibt Einblick in die faszinierende Welt des offenen Fahrens. Wir wollen erkunden, warum die Besitzer sich ausgerechnet für ihr jeweiliges Fahrzeug entschieden haben und warum dieses in ihrem Leben eine so wichtige Rolle spielt. Wie bei meinen vorherigen Titeln in dieser »coolen« Buchreihe sind auch hier Höchstgeschwindigkeit und Geldwert nicht ausschlaggebend. Die gezeigten Cabrios konnten mich vor allem mit ihrer Erscheinung und ihren Details überzeugen, mit ihrer Ästhetik und ihrer Emotionalität, und so stellen wir hier Automobile vor, die für den Hersteller ebenso typisch sind wie für den jeweiligen Zeitgeist. Egal, wie Ihnen die Autos auf den folgenden Seiten gefallen, eines steht fest: Im Gegensatz zu den heutigen Wagen, von denen die Mehrzahl schon in der Folgesaison vergessen ist, haben die vergangenen Generationen unauslöschliche Spuren und so einige denkwürdige Fabrikate hinterlassen.

Wie in meinen vorherigen Titeln schaffte es auch diesmal ein Fahrzeug nur dann ins Buch, wenn sein Besitzer einen persönlichen Bezug dazu hat – ohne Hintergrundgeschichte, ohne leidenschaftlichen Besitzerstolz kann ein Gespann diese Hürde selbst dann nicht nehmen, wenn das Cabrio in einem Top-Zustand ist. Dass manche der präsentierten Fahrzeuge keine makellosen Ausstellungsstücke sind, macht sie nicht weniger sehenswert – tatsächlich werden solche Schätzchen oft in höheren Ehren gehalten als die wertvollen Klassiker aus Privatsammlungen. Ich persönlich weiß Gebrauchspatina sehr zu schätzen, ein Wagen sollte gern in seiner ganzen angelaufenen Pracht präsentiert werden. Angesichts der vielen Alternativen fiel die Auswahl denkbar schwer – zugleich aber empfand ich den Entscheidungsprozess als eines der Highlights dieses Buchprojekts.

Sämtliche Cabrios in diesem Band bereiten ihren Besitzern großes Vergnügen, unabhängig vom Alter des Fahrzeugs, von seinem Geld- oder Seltenheitswert, von Machart und Zustand. Und während Sommer & Cabrio zusammengehören wie Gin & Tonic, sollte man diese Wagen nicht nur in den paar Monaten (oder gar Tagen, wie in manch einem Jahr) auf die Straße bringen, da uns der Wettergott wohlgesonnen ist. Ein klarer Herbst- oder Wintertag kann bei offenem Verdeck und voll aufgedrehter Heizung ebenso vergnüglich sein. Wer hätte nicht Spaß an einem solchen Automobil, wer würde sich nicht gern darin sehen lassen?

In den vergangenen Monaten haben Lyndon McNeil und ich viele wunderbare Menschen mit prachtvollen Autos kennengelernt, die die Arbeit an diesem Buchprojekt zu einem äußerst heiteren Unterfangen machten. Allen Beteiligten danke ich herzlich für ihre Mitwirkung. Ich hoffe sehr, dass Ihnen unsere bunte Auswahl an Cabriolets zusagt. Und möglicherweise lassen Sie sich ja demnächst tatsächlich inspirieren, nach einem etwas anderen Cabrio als dem Üblichen Ausschau zu halten.

Innig geliebt

Was macht die Autos auf den folgenden Seiten für ihre Besitzer so besonders? Eines wurde bei der Suche nach möglichen Kandidaten rasch deutlich: Jeder einzelne der von uns vorgestellten Cabriobesitzer liebt seinen Schatz aus einem anderen Grund. Dabei ist der eine so stichhaltig wie der andere. Für so manchen ist das Cabriolet unersetzlich, ja geradezu unbezahlbar – und das völlig unabhängig vom eigentlichen Geldwert. Eine derart starke Bindung entsteht durch Erinnerungen an eine geliebte Person, an die eigene Jugend oder an viele mit dem Fahrzeug verlebte Jahrzehnte – Andenken, die so wertvoll sind, dass ein Verkauf dem Bruch mit einem lieben Verwandten gleichkäme.

Dieses Kapitel stellt den Halter eines regelmäßig in Betrieb genommenen Erbstücks vor, das bereits über mehrere Generationen vom Vater an den Sohn weitergereicht wurde und dem jeder Halter mit eindrucksvollen, die Generationengrenzen überwindenden Reisen seinen Stempel aufdrückte. Der Halter eines Morris Minor zeigt uns, dass ein Vater manchmal tatsächlich am besten weiß, was für seinen Sohn gut ist. Einer der Wagen war eine Restaurierung mit selbstgesetzter Deadline, bei der jeder Aufschub ausgeschlossen war. Und obwohl die äußere – und innere – Erscheinung des vorgestellten MG eventuell anderes vermuten ließe, wird dieser Wagen in hohen Ehren gehalten, und sein Zustand ist mit einem Gelübde an die Vorbesitzer verbunden.

Man mag sich fragen, wie ein Mensch ein Transportmittel »innig lieben« kann. Die Frage ist nicht unberechtigt, und doch gibt es tausend Gründe für eine derart feste Bindung an ein Objekt. Dies hinterfragen zu wollen, wäre abwegig, lassen Sie uns einfach an der Freude der Besitzer teilhaben. Vielleicht wirken die Geschichten, die wir im Folgenden erzählen, ja sogar ansteckend!

Morris Minor 1000

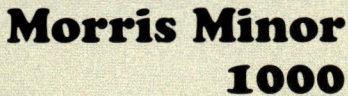

»Vom Morris Minor 1000 hatte ich nicht die geringste Vorstellung. Als mein Vater mit mir loszog, um einen anzusehen, schimpfte ich lautstark, darin würde ich mich im Leben nicht blicken lassen. Der Anbieter stand peinlich berührt daneben. Am Ende brüllte ich: ›Den kaufe ich nicht!‹, worauf mein Vater meinte: ›Pech, die Sache ist längst ausgehandelt – rück das Geld raus!‹ Zu allem Überfluss konnte ich mit dem Wagen nicht einmal losfahren, denn durch die Bodenwanne wuchs ein Baum. Dad juckte das nicht, er war Mechaniker. Seine Philosophie war: Was ein Mensch gebaut hat, lässt sich restaurieren. Nach monatelangen Schweißarbeiten hatte ich dann ein Auto, das ich lieben gelernt hatte.

Fünf Jahre später packte mich das Verlangen nach einem Cabrio. Wir schauten bei einem Experten mit einer ganzen Scheune voller Morris Minors vorbei, aber nichts konnte mich auf Anhieb begeistern. Schließlich begriff der Mann: ›Ach, ihr seid Schrauber – dann kommt mal mit.‹ Unter einem Laken gammelte eine Karosserie vor sich hin, die Mechanik gab es noch, das war's. Er meinte, das Nummernschild allein sei die 600 £ wert – da sonst keiner das Auto wolle, bekämen wir es damit praktisch umsonst«, berichtet Colin, dem neben diesem 1960er Morris Minor Cabrio noch etliche weitere gehören.

Der Morris Minor nach dem Design von Alec Issigonis war ein überraschend geräumiges Auto; zwischen 1948 und 1972 wurden 1,3 Millionen Exemplare ausgeliefert. Zunächst gab es zwei Modelle: eine

zweitürige Limousine und ein Cabriolet mit Faltverdeck. Der Morris Minor 1000 war eine Aufrüstung des 56er Modells mit stärkerem Motor und verändertem Styling, leugnete jedoch nicht dessen Vergangenheit als erschwingliches Auto.

»Dass ich es mit dem Wagen so eilig hatte, ärgerte Dad; mich wiederum frustrierte sein methodisches Vorgehen – immer schön gründlich. 2005 waren wir fertig, und kurz darauf waren wir beim London to Brighton Veteran Car Run dabei. Dad war begeistert, gab mir aber zu verstehen, der Wagen müsste noch einmal überlackiert werden. Wenige Monate später war er plötzlich tot. Als der Schock endlich nachließ, rappelten wir uns langsam auf. Dads Garage nutzte ich weiter als Restaurationswerkstatt.

2014 wurde mein Wagen von der jungen Abteilung des Morris Minor Owners Club für eine große (wenn nicht *die* größte) Oldtimer-Schau auserkoren. Diesen Leuten verdankt er auch den Namen Delilah – das 600 £ teure Nummernschild mit dem Kennzeichen YOY 212 rief ihnen gleich den Tom-Jones-Hit mit der Zeile ›Why, why, why, Delilah‹ ins Ohr. Ich beschloss, für diese Schau die Lackierung und die anachronistischen Leuchten in Ordnung zu bringen, damit die Clubmitglieder mich nicht mehr damit aufziehen konnten. Ich hänge sehr an Delilah, aber ich fahre sie auch: Ein Clubausflug nach Frankreich etwa hat gut 3200 Kilometer auf den Tacho gebracht. Dad, du hattest wirklich von Anfang an recht – und die Extraschicht Lack war nötig, jetzt sieht der Wagen phänomenal aus.«

Innig geliebt .15

Studebaker

»Klar, komm mit zur Auktion, habe ich zu meinem Vater gesagt. Eigentlich wollte *ich* dort ein Auto ersteigern – am Ende ging *er* mit einem Studebaker Starlight Coupé nach Hause (sein Auto, als er Mutter kennenlernte). Meine Frau Caroline ist genauso autonärrisch wie ich, stöbert dauernd im Internet. Da sie wusste, dass ich mich zunehmend für den Wagen meines Vaters begeisterte, fiel ihr eine Auktion mit diesem 1950er Studebaker Champion ins Auge. Mich erwischte es auf dem falschen Fuß: Während die Auktion zu Ende ging, hockte ich in Beaulieu beim International Autojumble – ohne Internet! Oben auf einer Mauer hatte ich wenigstens Handy-Empfang; mein Bruder übermittelte mir den aktuellen Stand. Ich hatte Glück und bekam den Zuschlag. Eilig organisierte ich einen Trip in die USA, nach Charlotte, um den Studebaker abzuholen.« Richard, dem dieses Kultauto – in Europa eine Seltenheit – gehört, fährt fort: »Allerdings entsprach der Wagen ganz und gar nicht der Annonce – ich fühlte mich wie bei einem gründlich misslungenen Blind Date.«

Die Firma Studebaker, 1852 gegründet, prägt bis heute unser Bild vom mobilen Amerika. 1902 stieg der damalige Kutschenbauer in das Automobilgeschäft ein. Die dritte Generation des Studebaker Champion wurde von 1947 bis 1952 gefertigt. Mit der auffälligen Flugzeugnase, der »bullet nose«, wurde das Modell allerdings nur ein einziges Jahr lang produziert. Für diese und manch

andere Studebaker-Ikonen zeichnete der aus Frankreich stammende Designer Raymond Loewy verantwortlich. Das Unternehmen erfreute sich einer beneidenswerten Reputation als Hersteller hochwertiger Automobile, trotzdem führten Fehlentscheidungen die Firma 1967 in den Ruin.

»Für so manchen wäre so ein Rückschlag ein Albtraum gewesen«, fährt Richard fort. »Ich weiß mir jedoch zu helfen und wollte das Auto in eine nahe Werkstatt bringen. Doch selbst die kurze Strecke war zu heikel, also blieben wir in einem Motel – dort lag ich die nächsten Wochen unter dem Wagen und machte ihn nach und nach flott. Genau zum richtigen Zeitpunkt bot mir dann ein Automechaniker, dem mein Stilempfinden zusagte, einen kostenlosen Platz in seiner Werkstatt an. Ich hatte gerade meinen Fünfzigsten gefeiert, darum wollten wir uns hier Zeit lassen. Also machten wir uns nach Florida auf, als der Wagen endlich straßentauglich war, nach Daytona Beach. Zwei Monate gondelten wir umher und schraubten immer ein bisschen weiter; dann war es an der Zeit, unser herrliches Abenteuer zu beenden. In Georgia schifften wir den Studebaker nach England ein. Irgendwann würde ich ihn gern wieder nach Amerika verfrachten, dort massig Meilen auf den Tacho bringen und ihn schließlich weiterverkaufen – eine letzte grandiose Reise mit diesem herrlichen Schlitten.«

Innig geliebt .19

Lotus Elan Sprint

»Bei Autos habe ich schon immer sportlich-spritzige Modelle bevorzugt. Einmal besaß ich sogar einen tahitiblauen MG Midget, und zwar – und dazu stehe ich – mitsamt weißem *Starsky&Hutch*-Streifen. Ich gehöre zu der Generation, die *Die Avengers* im Fernsehen geschaut hat – für mich war der Lotus Elan das ultimative Gefährt. Ich bilde mir ein, ich hätte dem Wagen in den 32 Jahren, die ich ihn nun habe, ein wenig eine Heimat geboten – die Vorbesitzer dagegen haben Bäumchen-wechsel-dich gespielt, mit acht Haltern in zehn Jahren. Das kann ich mir überhaupt nicht erklären, zumal der Wagen alles hat, was ein herausragender britischer Sportwagen der Sechziger haben sollte«, erklärt Carl, studierter Physiker und Besitzer dieses 1972er Lotus Elan Sprint.

Der Sprint (1971–73) war die letzte Inkarnation des 1962 erstmals vorgestellten Lotus Elan; zu dem Designteam unter Leitung von Colin Chapman gehörte unter anderem Ron Hickman. Im Grunde brachte Lotus Autos nur deshalb in den Handel, um damit seinen Rennstall zu finanzieren. Der Profit stand somit an erster Stelle, weshalb diverse mechanische Bauteile von Autos wie dem Triumph Spitfire übernommen und zweckentfremdet wurden. Darin waren die Entwickler

Meister – so konnten sie ihr Know-how auf das konzentrieren, worauf es letztlich ankam: das Fahrerlebnis. Der Sprint war im Grunde ein Upgrade der Serie 4, ein Lotus-Doppelnockenwellenmotor brachte eine einigermaßen verbesserte Leistung. Was er anderen Autos an Größe und Gewicht nachstand, glich er mit Raffinesse und Fahrleistung aus. Lotus verwendete einen extraleichten Zentralkastenrahmen aus Stahl mit GFK-Aufbau. Über mehrere Jahrzehnte setzte dieses Gefährt den Standard, an dem andere Sportwagen sich messen lassen mussten: beim normalen Autofahrer beliebt, auf der Rennstrecke gefährlich. Es heißt, Mazda habe in der Entwicklungsphase des MX-5 mehrere Elan zwecks Reverse Engineering erworben und auseinandergenommen – die Ähnlichkeiten lassen sich nicht von der Hand weisen.

»Nicht einmal ich hätte erwartet, dass ich ihn so lange behalte«, schließt Carl. »Das soll nicht heißen, dass er mich jetzt langweilt, im Gegenteil – es zeigt einfach, wie jung dieses vor einem guten halben Jahrhundert entwickelte Auto noch heute wirkt, selbst im Vergleich mit seinen modernen Pendants.«

MG TC Midget

»Ich war gerade von einer langen Überlandfahrt zurückgekehrt, 38 aufregende Tage ohne Begleitwagen von China nach Paris in einem Austin 7, da fiel mein Blick auf eine Annonce für einen 1946er MG TC Midget. Marke und Modell waren mir nicht unbekannt, denn ich hatte bereits mit 17 einen besessen, den ich erst verkaufte, als mich die Air Force im Fernen Osten stationierte. Die Anbieter – Nick und Lindsey – waren von ihrer Mutter Sheila mit dem Verkauf des Autos betraut worden. Das war 2007; das Auto hatte seit dem Tod ihres Vaters John Anfang der Siebziger in der Garage gestanden. John war erst der zweite Fahrzeughalter gewesen. Als er 1954 das Auto von der Erstbesitzerin erwarb, einer jungen, aber vermögenden Bezirkskrankenschwester, machte er gerade Karriere im Tiefbau. Als er 1961 Sheila heiratete, wurde der Wagen als Hochzeitsauto geschmückt. Auch die beiden Kinder konnten ihn nicht davon abhalten, weiterhin seinen geliebten MG zu fahren – die ganze Familie war dabei, wenn er durch England tourte, um mögliche Projektstandorte anzusehen und den Bau des Autobahnnetzes zu beaufsichtigen.

Eine Bedingung hatte Sheila ihren Kindern mit auf den Weg gegeben: Das Auto durfte ausschließlich an jemanden gehen, der dem Vater gefallen hätte. Händler und Privatleute, die nur schnell ein bisschen Kohle machen wollten, wurden ruckzuck abgefertigt. Ich wollte unbedingt einen guten Eindruck hinterlassen, also fuhr ich in meinem Austin 7 hin – das kam schon mal gut an. Beim Tee unterhielten wir uns, während Sheila aufmerksam lauschte, und ich wurde befragt, was ich mit dem MG denn vorhätte. Abgesehen von einer technischen Überholung wollte ich die alte Patina erhalten«, erklärt Chris, ehemaliger Oberstleutnant der Luftwaffe und heute – dank seiner Antworten, die genau das waren, was Sheila hören wollte – stolzer Besitzer des MG TC Artorius (die lateinische Version von Arthur). Chris hat sein Wort gehalten, der Wagen ist noch immer im selben Zustand, von ein paar persönlichen Extras abgesehen.

Als MG im Oktober 1945 aus den Kriegsverpflichtungen entlassen war, verkündete der Hersteller den Produktionsbeginn des TC – gerade einmal fünf Wochen nach dem offiziellen Ende des Zweiten Weltkriegs. Am Jahresende waren 81 MG TC aus den Toren gerollt, angesichts des Materialmangels eine beeindruckende Zahl. Der TC ist dem TB der Vorkriegsjahre sehr ähnlich; zwischen 1945 und 1949 wurden in Abingdon insgesamt 10 001 Exemplare dieses Modells gefertigt. Der elegante Wagen war nicht nur in Großbritannien und den Ländern des Commonwealth beliebt, sondern auch in den USA, sodass 2000 Exemplare ihren Weg über den Großen Teich fanden.

»Aufgrund des Originalzustands ist mein Wagen einiges wert, trotz abblätternden Lacks und über 200 000 Meilen (320 000 km) auf dem Tacho. Und doch wird er ständig gefahren, bei jeder Witterung – das Leben ist zu kurz, um auf passendes Wetter zu warten«, behauptet Chris. »Er benimmt sich wirklich gut für sein Alter – ich kann ihn bei Tempo um die Kurve jagen, und er nimmt sie mit Bravour. Mein Rat an alle, die es in späteren Jahren noch einmal mit einem Klassiker probieren wollen: Macht den Motor und die Technik klar und fahrt los! Sicher, Restaurieren ist nett, wenn man jünger ist – aber will man wirklich jahrelang in der Garage hocken, nur um am Ende zu klapprig zu sein, um sich hinter den Lenker zu klemmen?«

»Traditionell ist es ja die Braut, die vornehm zu spät kommt, nicht der Bräutigam. Bei mir wurde es knapp – als ich die letzte Schraube anzog, hatte ich noch ein paar Minuten, bevor ich zur Trauung musste. Da Kate sich für den Wolseley begeisterte und Cabrios liebte, hatte ich etwas ausgeheckt: Ich wollte meine frisch Angetraute mit diesem Hornet überraschen«, erklärt Bill zu dem Heiligen Gral der Marke Wolseley – einem für das Heinz-57-Preisausschreiben modifizierten Wagen.

»50 Jahre ist es her, dass dieses Preisausschreiben veranstaltet wurde. Der Wagen war mit Picknickkorb, herausnehmbarem Radio und Kosmetikfach ausgestattet; ein Teekessel mit 12-Volt-Anschluss sorgte für heiße Getränke und eine leere Batterie. Man gewann, wenn der eingesandte Picknickvorschlag die perfekte Ergänzung zu einem Teller Heinz-Dosensuppe war. Die Hälfte der rund 40 heute noch existierenden Exemplare soll in Übersee stehen, daher machte ich mich darauf gefasst, dass meine Suche mich bis ans Ende der Welt führen würde. Doch es waren nur 300 Meter die Straße entlang. Es war unglaublich: Einem Hinweis folgend, spazierte ich hinüber, sprach mit dem Anbieter und einigte mich mit ihm. Es war nicht mal eine Vollrestaurierung, ich würde es selbst hinbekommen – allerdings nicht zu Hause, wenn mein heimlicher Plan gelingen sollte. Aber ich hatte ja Keith, meinen schottischen Freund: Er kam hergefahren,

Wolseley Hornet

zog den Wagen aus Omis Garage, wo ich ihn versteckt hatte, und nahm ihn mit. Obwohl Keith sechs Monate lang nach Kräften daran arbeitete, schraubte ich am Hochzeitstag noch Stoßfänger, Grill und Scheinwerfer fest, anstatt mich in Schale zu werfen. Als alle Reden gehalten waren, rief ich Kate und die Gäste zum Ausgang – sie sollten ein Restaurationsprojekt ansehen, das ich ihr zum Geschenk machen wollte. Ich öffnete die Tür, Kate entdeckte den Hornet und war völlig sprachlos.«

Im Großen und Ganzen war der Wolseley Hornet eine Luxusausgabe des Mini; Holzfurnier und Leder rechtfertigten den höheren Preis. Äußerlich unterschied er sich durch einen verlängerten Kofferraum, leicht angestellte hintere Kotflügel und das klassische senkrechte Kühlergitter mit Wolseley-Emblem. Der Hornet kam zwei Jahre nach der Erstvorstellung des Austin Mini auf den Markt; produziert wurde er von 1961 bis 1969.

»Die Ölreste an meinen Fingern hatten während der Trauung Kates ganze Aufmerksamkeit beansprucht. Sie ärgerte sich, denn sie nahm an, Keith und ich hätten zum Spaß an Autos gebastelt. Ganz daneben lag sie damit nicht, aber es hatte alles ihr gegolten, sie sollte Cabrio fahren können. Dem ursprünglichen Gewinner dieses Wagens war das nicht vergönnt gewesen: Seine Eltern hatten befunden, mit 17 sei er zu jung, ein solches Auto zu fahren, und hatten darauf bestanden, dass er es verkaufte. Kein Wunder, dass er bei der Preisübergabe ein todunglückliches Gesicht machte!«

Innig geliebt .27

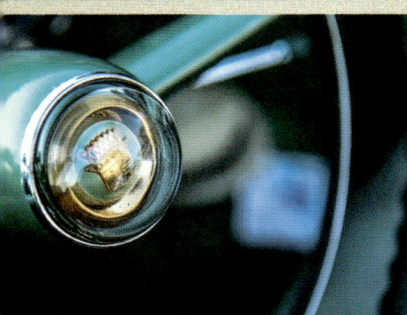

Cadillac Series 62

»Versprochen ist versprochen, also gehört mein 54er Caddy bald meinem Ältesten, Ollie. Ich kann nicht behaupten, dass mir das leichtfallen wird – immerhin habe ich den Wagen seit 20 Jahren. Ich besitze zwar Dutzende Autos, aber auf diesen Cadillac, der 1995 nach England kam, greife ich immer wieder zurück. Dieses Jahr habe ich mich zum 20. Mal in Folge auf die über 1600 Kilometer lange Fahrt zum Power Big Meet im schwedischen Västerås gemacht. Ich käme mir vor wie ein Verräter, wenn mein Caddy nicht mehr unter den 20 000 amerikanischen Prachtstücken dort wäre. Ich kann gar nicht genau sagen, wie viel ich damit gefahren bin, denn gleich als Erstes war der Kilometerzähler kaputt. Aber das ist das einzige Teil, das mich im Stich gelassen hat. Der Wagen ist ein echtes Goldstück, er gehört praktisch zur Familie.« Stewart verdankt sein Glück nicht ererbtem Vermögen, sondern harter Arbeit. Das uralte Klischee »zur rechten Zeit am rechten Ort« trifft perfekt auf ihn zu.

»Die amerikanischen Wagen, die ich Mitte der 70er auf dem Chelsea Cruise sah – nur einen Steinwurf von den Sozialbauten, wo ich aufwuchs – faszinierten mich gewaltig. Also kaufte ich mir einen 1959er Ford Fairlane 500. Der war noch kein Oldtimer, für 60 £ gehörte er mir – nicht schlecht fürs erste Auto. Nach der Schule wusste ich weder, was ich werden wollte, noch wie man Autos repariert. Zwei Riesenprobleme auf einmal, also begann ich eine Mechanikerlehre – und das war genau das Richtige. Wer Autos repariert,

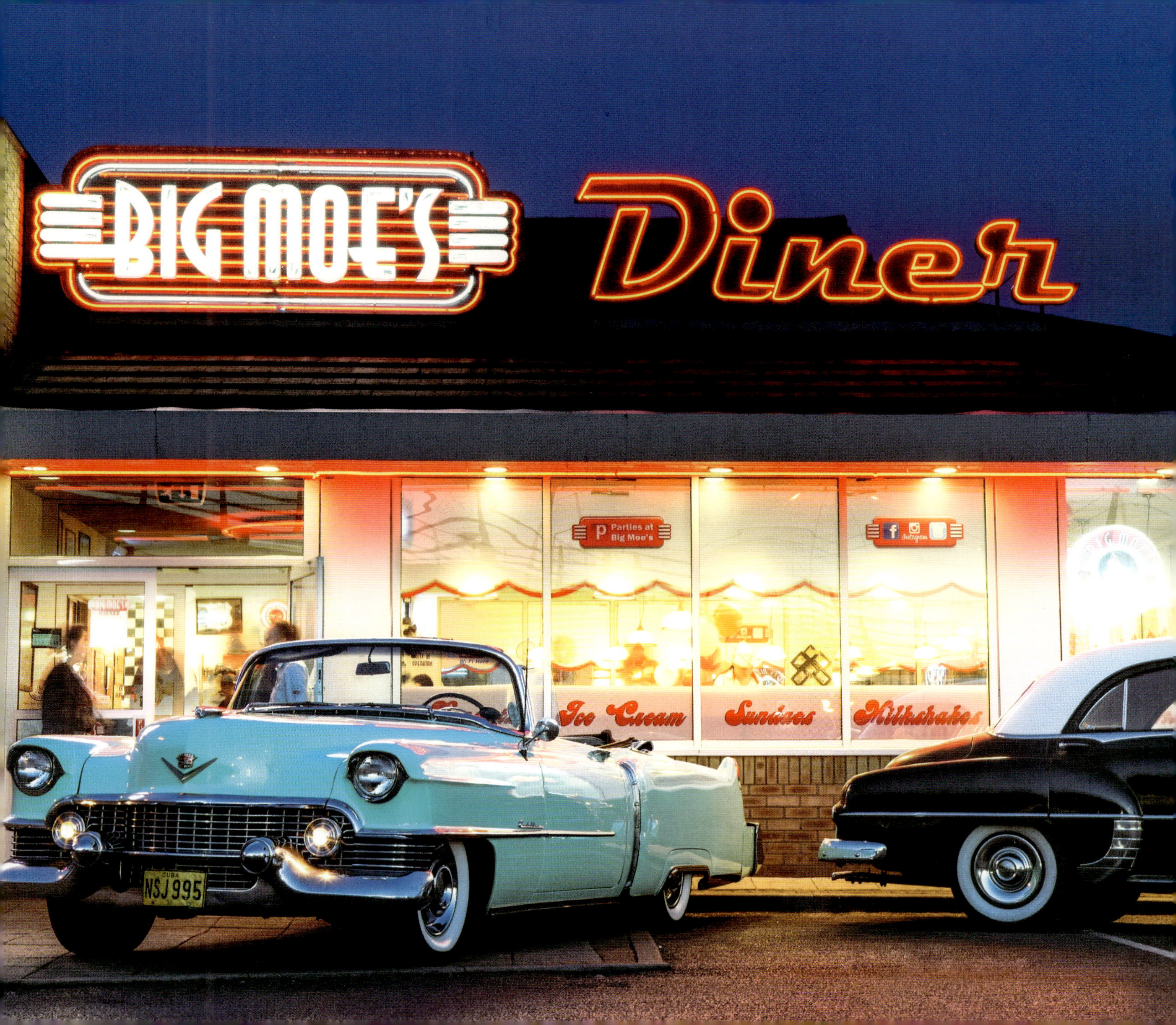
BIG MOE'S
Diner
Parties at
Big Moe's
Ice Cream
Sundaes
Milkshakes
NSJ 995

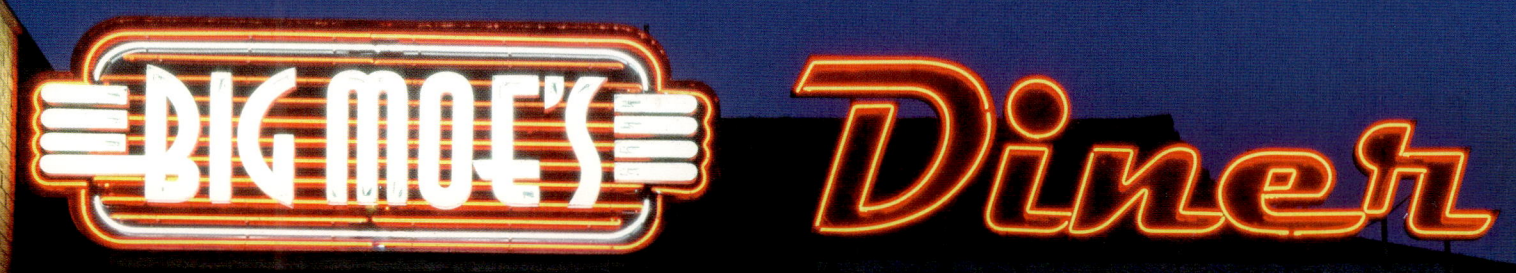

verhökert oft auch welche, ich war da keine Ausnahme. Ich war auf amerikanische Schlitten spezialisiert. Irgendwann war in Großbritannien nicht mehr viel zu finden, aber genau da begann der Trend zu billigen Transatlantikflügen. Also machten mein Bruder und ich uns auf nach New York, kauften drei Wagen und verschifften sie nach England. Kaum stand meine Annonce in der Zeitung, klingelte auch schon das Telefon. Heute, mehr als 30 Jahre und knapp 3000 Autoimporte später, mache ich genau mein Ding: Ich handle mit amerikanischen Straßenkreuzern und versorge auch Film und Fernsehen mit solchen Wagen.«

Bei der Series 62 von Cadillac zeigte sich wieder einmal die Kunst von Harley Earl, des Chefdesigners und späteren stellvertretenden Vorstandsvorsitzenden von General Motors. Earl gilt als Designer des modernen Autos schlechthin. Die Series 62 war durch eine im Vergleich zu den Vorgängermodellen niedrigere und schlankere, aber immer noch gigantische Karosserie gekennzeichnet, ergänzt um Panoramascheibe, Dagmar Bumpers (Slang für die vorderen Stoßstangenhörner, den »Chrombusen«) und standardmäßige Extras wie Servolenkung und elektrische Fensterheber. Hinzu kamen ausgefallene Details wie die in beide Stoßfängerecken integrierte Auspuffdurchführung und der unter einem hochklappbaren Rücklicht verborgene Tankdeckel. Da verwundern die 134 502 verkauften Exemplare – ein absoluter Rekord – überhaupt nicht.

Innig geliebt .31

Lagonda M45

»Überraschend kam diese Zueignung nicht; sie war verbunden mit der Pflicht, die Familientradition aufrechtzuerhalten und die Verantwortung für ein Familienerbstück zu übernehmen. Mein Bruder und ich sind in dritter Generation für den 1934er Lagonda M45 meines Großvaters verantwortlich. Mein Großvater Conrad Mann war ein reicher Zeitgenosse, Angehöriger der Brauereidynastie Mann. Mit 24 Jahren kaufte er den M45, nachdem sein bisheriger Lagonda mit 2-Liter-Turbo – ich zitiere – ›alle war‹. Nachdem er zweimal die RAC Rallye gefahren war, hatte er 1936 Lust auf die Rallye Monte Carlo, das Pflichtprogramm für Automobilhersteller und ihre jeweils neueste Schöpfung. Wie der Lagonda erstmals seit Beginn des Zweiten Weltkriegs aus dem Winterschlaf geholt wurde, weiß mein Vater zu erzählen: Die Räder angesetzt, Öl und Benzin aufgefüllt – schon lenkte Großvater den Wagen freudestrahlend aus der Scheune. Da war Vater zehn«, berichtet James, dem Josephine zur Hälfte gehört. Der Wagen ist nach seiner Mutter benannt: »Nach 81 Jahren hatte er einen Namen verdient. Ein altes Auto braucht einen Namen, es ist nicht einfach nur eine Maschine.«

James fährt fort: »Conrad liebte das Auto, nichts konnte damit konkurrieren – bis 1972 fuhr er täglich damit zur Arbeit. Als 1988 der Schlüssel an meinen Vater weitergereicht wurde, hatte

das Auto 337 000 Meilen [über 540 000 km] auf dem Zähler. Dieser Wagen ist nicht nur ein Erbstück, sondern er hat die Familie auch enger zusammengeschweißt. Mein Vater sagt offen, Ausflüge im Lagonda hätten ihn seinem Vater nähergebracht. Mein Vater, mein Bruder und ich nehmen häufig an spannenden einwöchigen Rallyes teil – auch wir lernen uns dabei jedes Mal besser kennen. Wenn man diesen Wagen fährt, bleibt für anderes kein Gedanke übrig, er verlangt hundertprozentige Aufmerksamkeit. Geduldig den richtigen Moment für den Gangwechsel erspüren, ja geradezu erhorchen … Auf einer Rallye bringt jede Hürde die Gefühle in Wallung, aber der Ärger ist schnell überwunden, die Konzentration auf die Abläufe ist wichtiger.«

Die britische Luxusautomobilmarke Lagonda wurde 1906 von Wilbur Gunn gegründet, einem Amerikaner mit schottischen Vorfahren. Der Tourenwagen M45 brachte mit seinem von Meadows gebauten 4,5-Liter-Sechszylinder beträchtliche Leistung und gilt als einer der vortrefflichsten Oldtimer der Vorkriegszeit. Dieser M45 dürfte die letzte von drei Sonderanfertigungen mit der längeren T5-Karosserie des Vorgängermodells sein. Der Fahrereinstieg ist sportlich türlos gestaltet; die Passagiere sitzen elegant im Fond.

»Es hat sich wohl eher zufällig ergeben, dass der Wagen so vom Vater an den Sohn weitergereicht wird. Mit der Übergabe ist auch keinerlei förmliche Zeremonie verbunden – um ehrlich zu sein, geht das sehr locker zu. Eines Tages wird Josephine meiner Tochter Katie gehören, und wie meine Vorgänger werde ich ihr dann aufmerksam über die Schulter schauen. Bis dahin aber muss ich eines packen: Den Wagen von derzeitig 420 000 auf eine halbe Million Meilen bringen [noch knappe 130 000 km]. Großvater beobachtet von seiner Wolke aus sicher begeistert, wie wir sein Erbe bewahren.«

Vignale Gamine

»Mein Vater hatte eine Werkstatt. Eines Tages sprach ihn die alte Dame an, die in dem Cottage nebenan wohnte. Sie erklärte, seit ihr Mann vor sieben Jahren gestorben sei, staube der Wagen in der Garage nur ein. Geld wechselte den Besitzer, doch der für mich bestimmte Vignale Gamine blieb prompt liegen – er schaffte es nicht einmal bis auf unseren Hof. So holten meine Mutter und meine Schwester ihn mit dem Abschleppwagen. Ich war da erst zwölf oder so, aber das konnte mich nicht davon abhalten, fahren zu lernen. In den nächsten Jahren, während meiner ganzen Teenagerzeit, wurde das Wägelchen auf dem 20 Hektar großen Obstgelände unserer Familie wild ausgefahren, und ich feilte an meiner Rundenzeit«, erklärt Sheridan, dem dieser seltene Roadster gehört. Ein Leichtgewicht, was auch Nachteile hat – so stand der Wagen einmal nicht mehr da, wo er ihn gelassen hatte: »Als ich ihn endlich gefunden hatte, konnte ich natürlich darüber schmunzeln – meine Kumpels im Pub hatten sich einen Jux gemacht und ihn mit vereinten Kräften weggetragen.«

Den Gamine erdachte der angesehene italienische Karosseriebauer Alfredo Vignale. Nach seiner Tätigkeit für Firmen wie Ferrari, Maserati und Lancia wollte Vignale ein Scheibchen des Automobilmarktes für sich. Also entwarf er vier Wagen, darunter den Gamine, einen offenen Sportzweisitzer, der auf der Bodengruppe des Fiat 500 aufbaute. Während der Gamine optisch eine Menge Spaß

versprach, bereiteten die Verkaufszahlen eher Kummer. Die Schuld gab man dem verhältnismäßig hohen Preis und der als dürftig kritisierten Fahrleistung. Nach dieser Pleite musste Vignale dichtmachen, die Produktionsstätten wurden an den Autohersteller de Tomaso verkauft.

»Nach jahrelanger Schinderei fand der Gamine endlich wohlverdiente Ruhe. Doch 2006 zog ich schließlich die Plane vom Wagen und fing an, ihn wieder straßentauglich zu machen. Obwohl er eine Menge durchgemacht hatte, war gar nicht viel nötig. Das war schon immer so, er ist ziemlich unverwüstlich. 2007 waren wir dann im Zweierkonvoi nach Italien unterwegs, hin und zurück etwa 2900 Meilen [rund 4600 km], ich und ein Kumpel – er schaute leicht verlegen aus dem zweiten Gamine, den ich inzwischen erstanden hatte. Wir müssen verrückt gewesen sein – durch Wind und Wetter, im Schneckentempo über die Alpen, noch dazu mit kaputtem Auspuff, was die gewaltigen 22 PS auf pieselige elf reduzierte, bis wir schließlich in Turin anlangten.

Der Wagen macht riesig Spaß, ordentlich wendig ist er auch – fast wie ein Gokart. Ganz selten setze ich mal das Dach auf – wenn's regnet, regnet's eben. Überall zieht er die Blicke auf sich. Nur ein Beispiel: Ein Gentleman ließ seinen Butler neben dem geparkten Gamine auf mich warten, um mir ein Kaufangebot zu machen, das ich aber dankend ablehnte: Nach 38 Jahren bleibt der bei mir.«

Innig geliebt .37

»Als unser Nachbar eines Tages nicht mit einem, sondern gleich mit zwei fabrikneuen Wagen vorgefahren kam, raschelten ringsum die Gardinen. Mein Vater war doppelt neugierig, denn die Autos stammten weder von der Insel noch vom europäischen Festland – es waren japanische Honda S800. Schließlich siegte die Neugier, also fragte er ganz beiläufig, ob er einmal schauen könnte. Mein Vater hatte bei Autos immer auf die Briten gesetzt; als er sah, dass die Ingenieurskunst unter der eleganten Haube alles übertraf, was er je besessen hatte, war er ganz aus dem Häuschen. Das war Ende der Sechziger. Nachdem Honda nur wenige Jahre zuvor erstmals ein vierrädriges Fahrzeug vorgestellt hatte, den T360, einen Kleintransporter mit 356 Kubik, hatte sich die Firma nun schon wieder als Meister im Neuerfinden gezeigt«, erklärt John. In den 1970er-Jahren erreichte die Honda-Begeisterung seines Vaters ihren Höhepunkt. Da erstand dieser einen S800 Roadster und wenige Jahre später noch ein Coupé, beides Sportflitzer, die als Gebrauchtwagen inzwischen erschwinglich waren.

Der S800, Nachfolger des erfolgreichen S600 und zugleich Hondas Versuch, ein Auto mit sportlichem Appeal zu lancieren, wurde 1965 auf der Tokyo Motor Show präsentiert und 1967 erstmals

Honda S800

nach England importiert. Honda wollte damit zu Modellen wie MG Midget, Triumph Spitfire, Austin-Healey Sprite und Fiat 850 Spider in Konkurrenz treten. Der Vierzylinder-Reihenmotor mit 791 Kubik brachte 71 PS Leistung bei einem roten Bereich von 8000 bis 11 000 Umdrehungen. Dies war Hondas erstes Auto mit 160 km/h Spitze – das, so heißt es, schnellste seriengefertigte Auto der Welt in der Klasse bis 1 Liter. Auf dem wichtigen amerikanischen Markt verkaufte sich der S800 nur schleppend – sein kleiner Motor galt dort als »Dreckschleuder«, was angesichts der amerikanischen Spritschlucker schon ein wenig ironisch war. So lief die Produktion 1969 aus, und Honda entschied sich gegen weitere S-Roadster, bis 30 Jahre später der S2000 daherkam.

»Viele denken beim ersten Hinschauen, es wäre ein MG – bis sie dann das Emblem bemerken«, erzählt John. »Klar, äußerlich gibt es da schon Ähnlichkeiten, aber damit hört es auch schon auf. Als mein Vater 2011 starb, hinterließ er die Wagen uns drei Brüdern. Ich kenne Leute, die haben Autos geerbt und schrecken davor zurück, sie ausgiebig zu nutzen – sie wollen kein Risiko eingehen und schränken sich lieber ein. Mein Vater wollte aber immer, dass wir seine Autos fahren, und den Wunsch erfüllen wir ihm gern.«

Renault Caravelle

»Ich gehöre zu denen, die in ihrer Garage immer noch Platz für mehr sehen – wäre ja eine Schande, die schöne Stellfläche zu verschwenden. Ein Renault R 10 – so einer war einmal mein erstes Auto – nahm ein bisschen von diesem Platz ein, aber es war noch eine Menge frei. Als Nächstes stand eine Renault Caravelle auf meiner Liste. Die hatte jemand in der Verwandtschaft gehabt, ich verband damit positive Erinnerungen. Ich setzte eine Kleinanzeige ins Renault-Clubmagazin und bekam Antwort von einem Bauern im hintersten Winkel von Essex. Er meinte, in einem staubigen Wirtschaftsgebäude stünde noch die 68er Caravelle seines Vaters, von der müsste er sich allmählich trennen. Er erinnerte sich noch lebhaft daran, wie ihn sein Vater zur London Motor Show mitgenommen hatte, wo er dann das Auto kaufte – eine der drei allerletzten Caravelles dort«, erzählt Fred, dem dieses schicke Cabrio gehört, eine echte französische Ikone.

Die 1956 vorgestellte Renault Dauphine hatte sich in Nordamerika gut verkauft. Doch der französische Hersteller neidete Westdeutschland den Erfolg des VW Käfer. Man wollte sich einen größeren Anteil des potenziellen Marktes sichern – zumal Amerika sich allmählich kleineren, sportlicheren europäischen Modellen zuwandte. Die nordamerikanische Händlergemeinschaft drängte Renaults Generaldirektor Pierre Dreyfus, eine Coupé- beziehungsweise Cabrio-Version

der Dauphine zu fertigen, um das Image von Renault aufzupolieren. Der Beschluss wurde gefasst, und da die Versammlung in Florida stattgefunden hatte, erhielt das Modell den Namen »Floride«. Doch dann hieß es, dieser Name setze, wenn auch unabsichtlich, die anderen 49 Staaten herab. So wurde in überwiegend englischsprachigen Ländern letztlich der Name Caravelle verwandt. Das gewagte Design war das Werk Pietro Fruas von der Carrozzeria Ghia, einem der berühmtesten Karosseriehäuser Italiens; als der Wagen auf der 1958er Pariser Autoschau enthüllt wurde, war das Gemurmel groß. Während der von 1958 bis 1968 laufenden Produktion wurden 117 000 Exemplare gebaut.

»Diese Caravelle wurde viel gefahren, vor allem während der untypischen Hitzewelle in Großbritannien im Jahr 1976. 1978 landete sie dann mir nichts, dir nichts in einer Scheune. Heute, fast 40 Jahre später, hat sie endlich wieder ihren Platz an der Sonne gefunden. Mit den im Heck angeordneten 1108 Kubik ist die Caravelle kein Wirbelwind – aber gemütliche 100 km/h hält sie mühelos den ganzen Tag durch. Sie ist ein echter Riviera-Kreuzer, das hatte auch eine andere Kultfigur erkannt: Brigitte Bardot. In meiner Garage haben schon viele Wagen gestanden; meiner Caravelle aber macht nichts ihren Platz streitig.«

Erstklassig

Wie der Titel dieses Abschnitts impliziert, dreht sich hier alles um Fahrzeuge, die mit allererster Klasse angerauscht kommen. Viele stammen aus Zeiten, da Individualität eine bedeutende Rolle für das Fahrzeugdesign spielte und man dem Designer bei der Umsetzung seines Traums völlig freie Hand ließ. Hinzu kommen einige jüngere Kult-Cabrios aus Serienfertigung, die viel über die Designtrends ihrer Zeit verraten.

Wir lernen einen Rennfahrer kennen, der sich endlich durchsetzt und einen uralten Traum verwirklicht. Wir begegnen einem begehrten Bristol mit einem Fahrtenbuch, dem sogar der größte Weltenbummler kaum etwas Vergleichbares entgegenhalten kann. Träume können tatsächlich wahr werden, und manchmal – wir werden es sehen – wird dabei noch die größte Hoffnung übertroffen. Wir machen Bekanntschaft mit dem phänomenal zwergenhaften Fahrzeugduo eines italienischen Sammlers, das dem Begriff »Seltenheitswert« eine ganz neue Bedeutung verleiht, und einem geschichtsträchtigen windschnittigen Geschoss, das in Vorkriegszeiten einem richtigen Teufelskerl gehörte. Und schließlich sehen wir zurückhaltende Eleganz in Reinstform, verkörpert durch die geschwungenen Linien eines klassischen Rolls-Royce.

Der gute Erhaltungszustand dieser Gefährte bezeugt das leidenschaftliche Engagement ihrer Eigentümer. Für die meisten werden solche Fahrzeuge ein Leben lang ein Wunschtraum bleiben. Doch wir können uns trösten, indem wir sie voller Bewunderung betrachten und uns vorstellen, wie es wohl wäre, einen solchen Wagen zu fahren – Modelle, wie man sie früher auf den Straßen der französischen Riviera und an ähnlich eleganten Reisezielen zu sehen bekam.

Rolls-Royce Phantom II Continental

»Ich bewundere und besitze Autos dieser Marke seit fast 50 Jahren. Ich habe jung angefangen – der klangvolle Name war zu verlockend. Dies ist der großartigste Rolls-Royce, den ich bisher mein eigen nennen durfte. Den Wagen habe ich nun seit fünf Jahren, doch von seiner Existenz wusste ich bereits zu Beginn der 90er. Es gibt heute nur noch relativ wenige individuell karossierte Limousinen, oft kann man die von einem bestimmten Modell erhaltenen Exemplare an zehn Fingern abzählen. Vor 25 Jahren stand dieser Wagen noch in Amerika; dann wurde er nach Schweden verkauft. Die nächsten 20 Jahre verbrachte er in einer Privatsammlung – während der ganzen Zeit kamen nur 100 Meilen auf den Zähler. Wegen der langen Standzeit mussten Motor und Mechanik schließlich aufwendig überholt werden«, erklärt David, dem dieser makellose Klassiker gehört. Mit speziell dieser Karosserie waren überhaupt nur zwei Wagen angefertigt worden; dennoch fährt er ihn regelmäßig und stellt ihn aus.

Der Phantom II Continental war »für den begeisterten Selbstfahrer« konzipiert und erfreute sich bei der wohlhabenden Klientel großer Beliebtheit. Es war der letzte Rolls-Royce, der unter der Ägide von Henry Royce entstand, bevor dieser 1933 verstarb. Der 7,4-Liter-Sechszylinder-Reihenmotor vom Beginn der 1920er-Jahre wurde bis 1932 verbaut, danach wurde er vom V12-Motor

abgelöst. Wenn ein Kunde bei einem Karosseriebauer einen Wagen in Auftrag gegeben hatte, lieferte Rolls-Royce das fahrbereite Chassis mit Motor und Antriebseinheit. Spezialisierte Handwerker stellten einen Rahmen aus Eschenholz her, um den sie die Blechteile falzten, austrieben und feinbearbeiteten. Für die Innenausstattung in den vom Kunden gewählten Materialien sorgten die Autosattler. Mit dem Sedanca-Dach konnte der Wagen wahlweise offen, geschlossen oder mit halboffenem Fond-Verdeck gefahren werden. Die Limousine vereint die Eleganz und das ganze technische Raffinement, das man mit Luxuskarossen assoziiert.

»Dass ich meinen Rolls nicht verstecke, sondern fahre, brachte mir vor einer Weile ein bemerkenswertes Schreiben ein: Ein Gentleman hatte den Wagen gesehen und mutmaßte, dieser könne einmal seinem Vater gehört haben. Die Details stimmten tatsächlich überein. Sein Vater hatte den Wagen 1931 bei der Londoner Firma Ranalah in Auftrag gegeben. Wir verabredeten uns, und so hörte ich beim Tee verschiedene Geschichten von seinem Vater und dem Rolls-Royce. Er hatte ihn bis zu seinem Tod im Jahr 1950 gefahren; dann wurde der Wagen verkauft und nach Amerika verschifft. Diese greifbare Verbindung zum Erstbesitzer war für mich das Tüpfelchen auf dem i.«

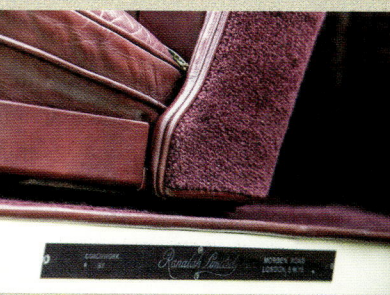

Karmann Ghia

»Ich habe schon immer die Konturen und den Charakter des VW Karmann Ghia bewundert; bereits als Kind fand ich seine Optik herrlich ungewöhnlich. Allein der Aufbau, der noch heute so manchen Hersteller überfordern dürfte, war dermaßen futuristisch – nichts konnte da mithalten! 2012 beschloss ich, mir meinen Traum von diesem Wagen zu erfüllen – wann, wenn nicht jetzt«, erzählt Martin. »Mir stand dabei Martin McGarry zur Seite, ein guter Freund und zugleich der britische Karmann-Ghia-Guru. Sein Beistand war unverzichtbar, sollte mein Traum sich nicht in einen Rostbeulen-Albtraum verwandeln. Ich brauchte gar nicht lange zu warten, schon wurde ein 1968er Karmann Ghia zum Verkauf angeboten. Den hatte ich bereits in der Fernsehsendung *Die Gebrauchtwagenprofis* gesehen. Martin war dabei als Fachberater tätig gewesen, also fühlte man sich verpflichtet, ihm den Wagen zu einem wirklich guten Preis anzubieten.«

Dieses Auto, das heute Martin gehört, hatte der Fernsehmoderator Mike Brewer für die Kultsendung aufgespürt: »Die Serie funktionierte nach der Vorgabe, dass Mike mit einem Autoklassiker arbeitet, den er in den Kleinanzeigen entdeckt. In diesem Fall stand der in Amerika, in Idaho, und

der Verkauf sollte das Studium eines Sprösslings der Familie finanzieren. Der Wagen wurde nach Großbritannien verschifft, wo Schrauberkönig Edd China sein Wunderwerk vollbrachte, um ihn schließlich wieder loszuschlagen, möglichst mit Gewinn.«

Der Karmann Ghia zählt zu den Klassikern automobilen Designs. Wilhelm Karmann, Besitzer von Deutschlands größtem unabhängigem Fahrzeugwerk in Osnabrück, wollte einen Sportwagen auf Basis des ebenso bescheidenen wie verlässlichen VW Käfer umsetzen. Zusammen mit den Designern von Carrozzeria Ghia in Turin entwickelte er – ohne dass Volkswagen eingeweiht war – einen Prototypen, um diesen dann dem Konzern zu präsentieren. Der Wagen erntete Bewunderung auf ganzer Linie. Er war vielleicht nicht das schnellste Gefährt der Welt, doch die individuelle

Linienführung vermittelt Vorwärtsdrang pur. Von 1955 bis 1974 wurden insgesamt 445 238 Karmann Ghias gebaut, davon 80 837 Cabriolets.

»Natürlich sind dem, was man in einer einstündigen Fernsehsendung umsetzen und zeigen kann, Grenzen gesetzt. Kürzlich habe ich die Innenausstattung renoviert; dabei habe ich einen Vierteldollar, eine abscheulich große tote Schabe und einen alten Poker-Chip entdeckt – was hervorragend zu dem Erstbesitzer passt, einem Arzt in Texas, von dem es hieß, er sei spielsüchtig gewesen. Was die Fernseh-Vergangenheit des Wagens betrifft, halte ich mich bedeckt; allerdings werden diese Sendungen dauernd wiederholt, also spricht es sich zunehmend herum. Aber das kann mich nicht davon abhalten, dieses herrliche Auto zu fahren.«

Daimler SP 250 Dart

»Die Chance, mit einem Austin-Healey im Slalom um steinzeitliche Megalithe die Kurventechnik zu trainieren, hat wohl nicht jeder. Aber in den 1960er-Jahren brauchte man bei Stonehenge nur ein Tor aufzuhaken: Ein Parcours aus Steinbrocken von 25 Tonnen sorgt für gute Reaktionszeiten. Genau die brachten mir dann meinen Vorteil, als ich im Motorsport antrat. Alle nahmen an, ich würde nach der Schule in die Landwirtschaft gehen – schließlich war mein Vater Bauer. Allerdings war ich seit meinem 16. Lebensjahr ständig mit meinem launischen Motorrad in der Werkstatt – ich durfte mich schon selbst bedienen und abkassieren. Eines Tages fragte der Besitzer, Mr. Ayers, ob ich Lust auf eine Mechanikerausbildung hätte, und bot mir eine Lehrstelle an. Ich zögerte – ich wollte meinen Vater nicht hängenlassen. Was ich nicht wusste: Es war längst besprochen, die Stelle war meine, so ich sie denn wollte, und das mit meines Vaters Segen.« Win Percy ist Oldtimer-Rennfahrer und mehrfacher Sieger der Britischen Tourenwagen-Meisterschaft (BTCC). 1990 gewann er das Bathurst 1000, den Gipfel des australischen Motorsports.

»Meine Begeisterung für Tempo und Motoren brachte mich zum Motorsport – genauer gesagt zum Autocross. Nachdem ich da eine Weile erfolgreich gefahren war, hatte ich keine Lust mehr auf die damit einhergehenden Schäden. Also kaufte ich mir einen Datsun 240 Z, ließ ihn von Spike Anderson tunen und gewann den Gurston Down Hillclimb. Daraufhin heuerte Spike mich als Fahrer für sein Samuri-Team an.

Meine Karriere nahm Fahrt auf, und ich stieg über diverse Wagen und Klassen auf. 1975 fuhr ich in der Tourenwagen-Serie und gewann mein erstes Rennen. Ein Typ, mit dem ich auf der Rennstrecke gerangelt hatte, kam zu mir herüber und sagte: ›Erstes Rennen? Du bist gut! Wenn ich mal mein eigenes Team habe, will ich, dass du für mich fährst.‹ Wir gaben uns die Hand darauf, und weg war er. Zu dem Zeitpunkt hatte ich keine Ahnung, dass das der berühmte Tom Walkinshaw war. 1979 hielt er Wort und nahm mich für die 1980er Saison unter Vertrag – ich gewann die Meisterschaft, und meine Karriere nahm ihren Lauf.«

Zu seinem Wagen erklärt Win Percy: »Auf den Daimler Dart hatte ich schon vor Jahrzehnten ein Auge geworfen. Ich hätte schon längst einen gehabt, hätten meine Freunde ihn nicht als ›potthässlich‹ bezeichnet, wann immer ich davon sprach. Vor vier Jahren bekam ich endlich den früheren Polizei-Dart zu fassen, den man von den Veranstaltungen auf dem Goodwood Circuit kannte. Er sollte versteigert werden. Erst wollte ich ihn am Bieterprozess vorbei kaufen, doch dann habe ich es mir anders überlegt und mitgeboten – der Markt für Darts war nicht sonderlich dynamisch. Letztendlich habe ich weit über Wert bezahlt, aber ich konnte ihm einfach nicht widerstehen.«

Der Daimler SP 250 Dart war der letzte, 1959 von Daimler konstruierte Wagen, bevor die Firma 1960 von Jaguar übernommen wurde. Der V8-Motor mit gut 2,5 Litern Hubraum macht den Wagen mit

GFK-Aufbau schnell und wendig. 30 Darts wurden für den Polizeieinsatz in Auftrag gegeben und modifiziert, um die »Ton-up Boys«, die London mit ihren Motorrädern unsicher machten, unter Kontrolle zu bringen. 1964 wurde der Dart eingestellt, damit er dem Jaguar E-Type keine Konkurrenz machte.

»Rennen zu fahren hat mit Mut nichts zu tun. Aber in Le Mans wurde ich 1987 ganz schön auf die Probe gestellt – bei über 350 km/h platzte mein Reifen. Ich prallte von der Leitplanke ab, überschlug mich mehrfach und blieb schließlich einen halben Kilometer weiter liegen. Von dem Wagen war nur noch die Fahrerzelle übrig, der ich ohne einen Kratzer entstieg. Nun denken Sie vielleicht, das plötzliche Ende meiner Karriere im Jahr 2003 sei auf ein Ereignis im Motorsport zurückzuführen. Aber nein – ein Gartenunfall und ein ärztlicher Kunstfehler führten dazu, dass ich von der Taille abwärts gelähmt war. Mich kann jedoch nicht viel aufhalten, nicht einmal die Prognose, ich würde den Rest meines Lebens im Rollstuhl verbringen.« Und tatsächlich – reichlich harter Arbeit und einem eisernen Willen verdankt es Win Percy, dass er inzwischen wieder an zwei Stöcken geht. Seinen Dart fährt er im Handbetrieb. So lautet sein Fazit: »Im Motorsport habe ich gelernt, mich immer wieder aufzurappeln. Dazu kommt mein Wille, niemals aufzugeben und mich stattdessen auf mein herrliches Leben, meine wunderbare Frau und meine glückliche Rennkarriere zu konzentrieren.«

Mercedes-Benz 380 SL

»Ich bilde mir ein, dass ich ein gut gemachtes Produkt auf den ersten Blick erkenne«, erklärt Samuel. Für wohlhabende Klienten, die größere Summen in Dingen anlegen wollen, an denen sie zugleich Gefallen haben, spürt er als Vermittler Luxusgüter auf, Automobile eingeschlossen. »Ich habe täglich mit Sammlern von Fahrzeugklassikern zu tun, ich weiß also gut, welche Wagen gerade an Wert zulegen oder kurz davorstehen. Ein ganz junger, aber deshalb nicht weniger lohnender Klassiker ist mein Mercedes-Benz 380 SL von 1983, ein herrlicher Anblick in Goldlackierung mit Softtop in passendem Braun. Dieser langsam im Wert steigende Klassiker steht derzeit noch im Schatten eines Vorgängermodells, der ›Pagode‹. Solange dies so bleibt, ist der 380 SL ein eleganter, angesagter, wertstabiler und doch erschwinglicher Klassiker.

Von diesem großartigen SL erfuhr ich vor zwölf Jahren – ein echtes Schmuckstück, das merkte ich mir. Er gehörte dem Großvater eines Freundes, einem ehemaligen Golfprofi, der ihn seit Jahrzehnten hätschelte – der Wagen hatte nicht einmal 40 000 Kilometer auf dem Zähler. Zu der Zeit stand er nicht zum Verkauf – es schien ein hübscher Traum zu bleiben. Als er vor drei Jahren doch endlich zur Verfügung stand, habe ich umgehend einen Termin vereinbart. Man hielt mir das

Mercedes Owners Club Magazine mit einer Zahl unter die Nase, worauf ich nur sagte: ›Bin schon auf dem Weg zur Bank.‹ Es gibt Situationen, in denen man verhandeln kann – diese zählte nicht dazu.«

Der R 107 und der C 107 aus der SL-Baureihe von Mercedes-Benz setzten nahezu 20 Jahre lang den Maßstab für die Roadster der Oberklasse. Diese Baureihe hatte die zweitlängste Laufzeit in der Geschichte von Mercedes – ein Beweis dafür, dass echte Klasse nie aus der Mode kommt. Von 1971 bis 1989 wurden über 237 000 Roadster gebaut.

»Man glaubt nicht, wie gut dieser Wagen noch fährt. So stecke ich in einer echten Zwickmühle – soll ich ihn fahren oder lieber den Zählerstand niedrig halten? Ich halte ständig nach anderen Klassikern Ausschau, die ich erwerben könnte, um eine kleine Sammlung aufzubauen. Dabei behält dieser SL aber die Nase vorn – er ist nicht nur mein Jahrgang, sondern außerdem der Wagen, mit dem alles begann.«

Alfa Romeo

»Ein eleganter Herr, der an einem glutheißen Tag in Italien seinen Alfa Romeo 2600 Spider direkt vor einem Restaurant abstellte, hat mich mit seiner Haltung nachhaltig beeindruckt. Diese ruhige Überzeugung, dass niemand den Besitzer eines solchen Wagens auffordern würde, anderswo zu parken, traf einen Nerv. Ich hatte das große Glück, schon während meines Studiums einen Alfa Romeo Bertone GTV zu besitzen. Doch erst vor acht Jahren machte ich meinen Traum wahr und erstand diesen 2600 Spider, Baujahr 1964, der 20 Jahre in einer Privatsammlung gestanden hatte. Wir gingen damals auf eine Zeit zu, die für die 2600er einen Wendepunkt darstellte. Bisher hatte man viele einfach vergammeln lassen – ungeliebt und unterschätzt«, erzählt Ian, dem dieser inzwischen im Wert steigende italienische Klassiker gehört.

Verantwortlich für die Konturen des 2600 waren die Designer Carlo »Cici« Anderloni und Federico Formenti vom italienischen Karosseriehersteller Carrozzeria Touring. Sie schufen nicht nur wunderschöne Formen, sondern patentierten zudem die als »Superleggera« – superleicht – bezeichnete Konstruktionsweise. Dem 2600 Spider, dessen Name sich von einer zweisitzigen Kutsche mit Klappverdeck herleitet, fehlt das agile Handling, das man von anderen Modellen der

Erstklassig .57

Marke Alfa kennt. Der Sechszylinder-Reihenmotor mit 2,6 Litern Hubraum und das außen wie innen opulente Styling verwandeln den Spider fast in einen luxuriösen Tourenwagen. Alfa Romeo hatte ihn als Antwort auf den Jaguar E-Type konzipiert, doch der hohe Preis stand einem Erfolg entgegen. Rund 2300 Exemplare verließen von 1961 bis 1968 das Werk.

»Ich bin ein ganz normaler Typ, ich hatte einfach nur Glück und den richtigen Riecher. So bin ich an dieses phänomenale Auto gekommen, als die Preise noch niedrig waren«, fasst Ian zusammen. »Manche Leute besitzen heute Autos über Autos – bei denen ist so ein Alfa Romeo 2600 nur einer von vielen. Wie viele andere Klassiker ist der 2600 auf bestem Wege, sich nur noch in den Händen von Sammlern zu finden, die den Wagen – im Gegensatz zu mir – ausgesprochen selten fahren. Das ist eine wahre Schande.«

»Leider konnte mein Vater nie die Autos sehen, die ich inzwischen beisammen habe. Das tut mir vor allem deshalb leid, weil ich die Welt der Edelkarossen durch ihn kennengelernt habe. Fast sein ganzes Leben hat er als Chauffeur gearbeitet, überwiegend für wohlhabende Leute, und so verwandelte sich unser Zuhause in einem Londoner Vorort nachts in einen Parkplatz für diverse exklusive Gefährte: Rolls-Royce, Bentley, Aston Martin. Seine Begeisterung und seine Reparaturkünste waren gewaltig – und das mussten sie auch sein: Mit einem VIP im Fond wartete man nicht auf den Abschleppdienst. Mein erstes beachtliches Auto war ein Bristol 411, den hatte ich schon als Junge bewundert. Von dem ging ich zu einem Bristol 404 über. Hat man erst den 2-Liter-Motor von Bristol schätzen gelernt, bringt einen das als Nächstes zu den BMWs der Vorkriegszeit – wie meinem geliebten Frazer Nash BMW 328«, erklärt Gary, dem dieser geschichtsträchtige Wagen gehört.

Das windschnittige Gefährt setzte 1936 völlig neue Maßstäbe – wo es an den Start ging, räumte es den Sieg ab. Am Steuer saß der Privatier Hugh Curling Hunter, ein Rennfahrer aus Leidenschaft. Ursprünglich fuhr und siegte er mit Wagen des britischen Rennsportwagen-Herstellers AFN – jedenfalls bis 1935, denn dann holte BMW den Sieg. AFN zeigte sich beeindruckt und verhandelte

Frazer Nash BMW 328

mit BMW eine Lizenz, um die deutsche Marke in Großbritannien zu vertreten – die Geburtsstunde von Frazer Nash BMW. Als der 328er vorgestellt wurde, ein Touren- und Rennwagen zugleich, gab Hunter gleich seine Bestellung auf. Insgesamt wurden 462 Wagen fertiggestellt, davon 46 mit dem Emblem »Frazer Nash BMW«. Als der Wagen 1937 ausgeliefert wurde, fuhr Hunter unverzüglich zur Rennstrecke von Brooklands und jagte ihn dort durch die Steilkurven. In den Jahren bis zum Zweiten Weltkrieg fuhr er mit dem 328er etliche Rennen und heimste zahlreiche Siege ein. Dann verkaufte er ihn, doch 1948 tauchte der Wagen wieder auf, als Ken Watkins damit das Eröffnungsrennen von Goodwood gewann.

»Autos geraten des Öfteren mal in Vergessenheit, so auch der 328er«, erklärt Gary. »In den 70ern kaufte ihn ein privater Sammler. 1980 wurde er versteigert und stand zehn Jahre in einem Museum in Perth in Australien. Dann erwarb ihn ein Sammler in Kanada. 2001 war ich dann nach Vancouver unterwegs: Der 328er war annonciert worden, und meine Begeisterung war so groß gewesen, dass der Eigentümer mein Preisangebot akzeptierte, obwohl es unter seiner Forderung lag. Zu meinem Glück verschob sich in dem Jahr die Kirschernte und damit auch der Export dieser Früchte. So hatte eine 747 freien Laderaum, den ich günstig bekam, und mein 328er reiste standesgemäß nach Heathrow. Zwei Jahre dauerte es, bis er technisch überholt war; währenddessen rekonstruierte ich die Vergangenheit des Wagens aus diversen Puzzleteilen – Fotos von Rennen, Original-Kaufvertrag, Handbüchern und handschriftlichen Rundenzeiten von der Brooklands-Strecke. Das, was ich inzwischen über den Wagen weiß, gibt ihm Persönlichkeit.«

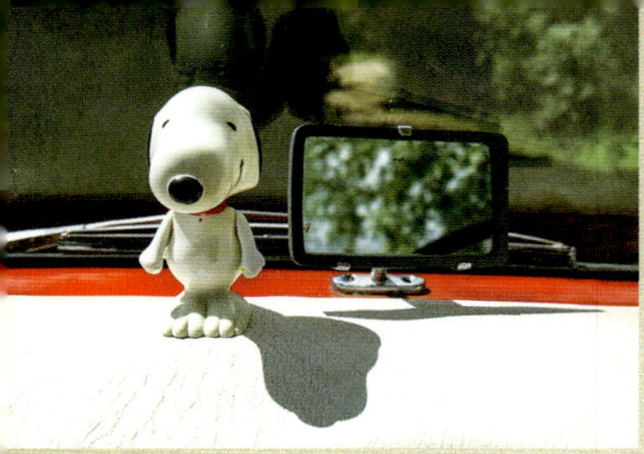

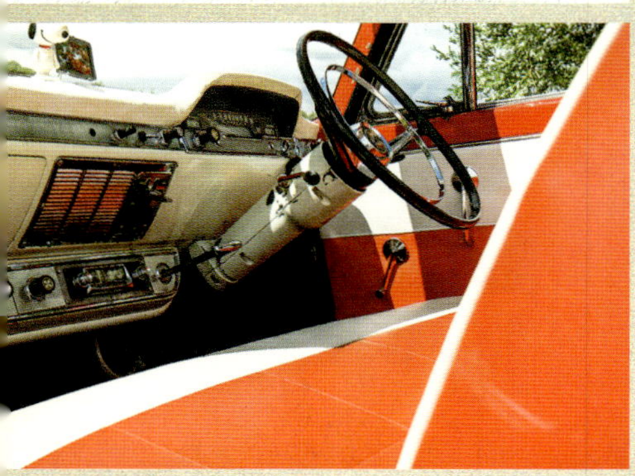

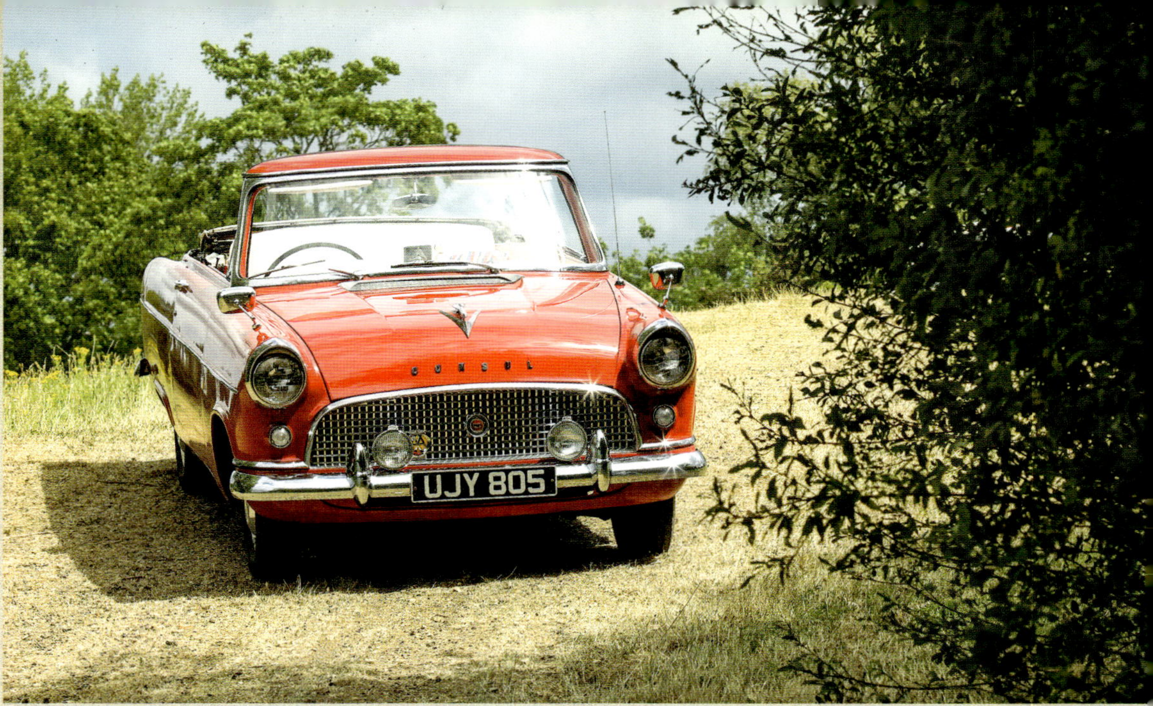
UJY 805

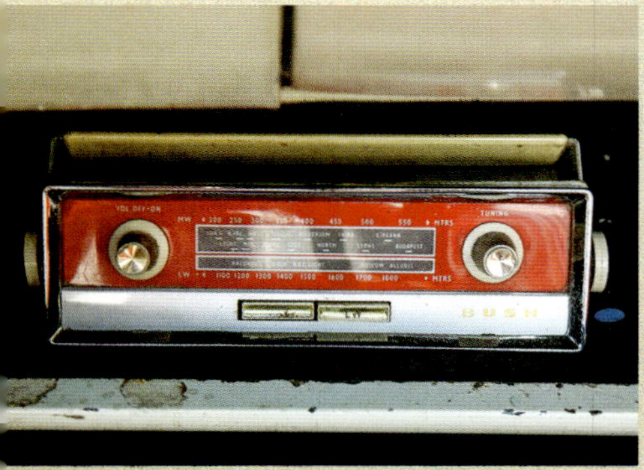
TUNING
BUSH

CUNARD
LINE
NOT WANTED

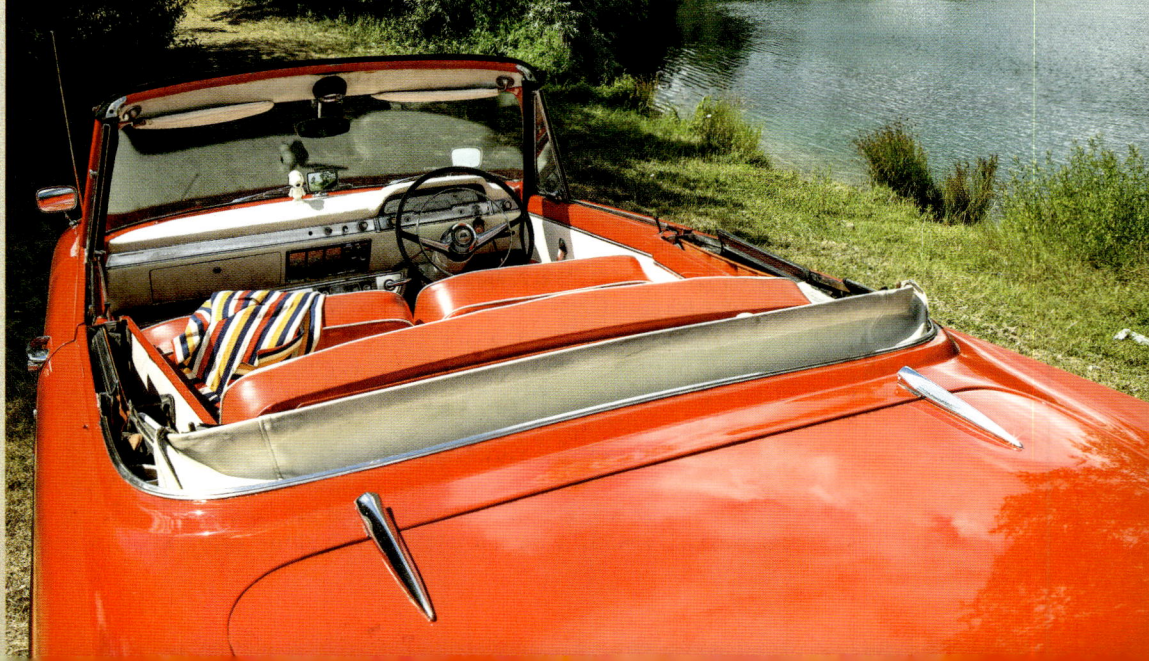

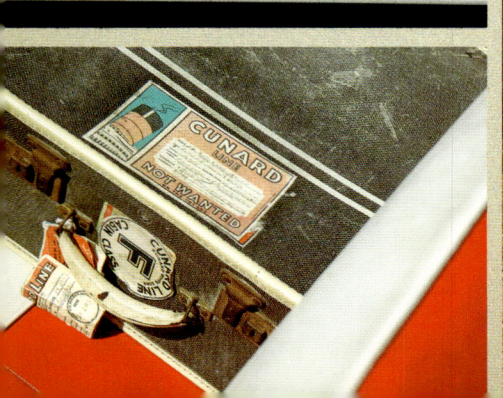

Ford Consul

»Ich mag die Wagen von Ford – gut zu fahren, leicht zu reparieren, perfekt für den begeisterten Schrauber. Meinen ersten kaufte ich 1964, gleich, nachdem ich den Führerschein gemacht hatte – einen Ford Zephyr Mark II. Anfangs wollte mein Vater mich den Wagen nicht fahren lassen, er fand ihn zu schnell für einen Anfänger. Stellen Sie sich das einmal vor! Ein Auto zu besitzen und es nicht fahren zu dürfen – die reinste Folter. Es dauerte Wochen, bis er sich endlich erweichen ließ. Das Resultat war natürlich, dass der Wagen schließlich auf Hochglanz poliert war. Die Befürchtungen meines Vaters widerlegte ich in der Folge mit meiner grundsätzlich vernünftigen Fahrweise. Diesen 1961er Ford Consul II kaufte ich 2008, mein erstes Cabrio – so etwas hatte ich mir schon sehr lange gewünscht«, erklärt Reg, Besitzer dieser Quintessenz amerikanischen Automobil-Designs für britische Straßenverhältnisse – Straßenkreuzer-Glamour im Kleinformat.

»›Wie wär's mit einem Urlaub in Schottland?‹ Kaum war die Frage heraus, wusste meine Frau auch schon, dass ein Auto dahintersteckte. Zum Glück wollte sie bereits seit Längerem dorthin, also ließ sie sich nicht lange bitten. Acht Zugstunden hin, fünf Tage zurück. Es war eine wunderbar gemütliche Rückreise mit Abstechern zu den Highlights des schottischen Hochlands – natürlich bei offenem Verdeck. Besser kann man ein neues Auto nicht kennenlernen.«

Das Styling des Consul II, der von 1956 bis 1962 gebaut wurde, verweist auf amerikanische Vorbilder wie den Ford Fairlane der 1950er-Jahre. Mit Edelstahl-Akzenten und kräftigem Farbkontrast zwischen Interieur und Exterieur brachte er lange überfälligen Glanz auf die britischen Straßen. Der Consul gehörte zur selben Baureihe wie der Zephyr, war den Sechszylindern mit seinem Vierzylinder-Motor aber unterlegen. Für die Cabrios kam die Werkstatt Carbodies in Coventry ins Spiel, die auch für die schwarzen Londoner Taxis verantwortlich zeichnete: Insgesamt 9398 stahlkarossierte Consul-Limousinen fuhren in diese Hallen hinein, um sie als Cabrios wieder zu verlassen.

Corvette Sting Ray

»Meine Lebensgefährtin Laraine hat mir ein neues Autoradio geschenkt, aber das mache ich nie an. Knapp vor meinem Gasfuß lauert nämlich ein V8, dessen klangvolles Grollen alles übertrifft, was aus der Musikanlage kommen könnte. Ein unvergleichlicher Sound, der siebte Himmel für mich. Ich könnte nicht genau sagen, welche Automarke typisch für einen Buchhalter wäre, ich schätze aber, dass meine Wahl nicht so ganz der Norm entspricht. Für mich ist der Wagen das perfekte Gegenmittel zu den Tabellenkalkulationen am Ende vom Steuerjahr«, erklärt Dieter. Seit nunmehr 13 Jahren hätschelt er diese Corvette C2 Sting Ray von 1966.

»Wenn man etwas tun oder haben will, darf man das nicht aufschieben, dafür ist das Leben zu kurz – ich habe über die Jahre schon zu viele Freunde verloren. Außerdem ist dies die beste Investition, die ich je gemacht habe, und bringt zigmal mehr Spaß. Vier ganze Jahre habe ich nach diesem Auto gesucht, viele Angebote abgelehnt und stattdessen auf das gewartet, was ich wirklich wollte: einen Sting Ray in Marinablau, nicht im stereotypen Rot, mit 350 bhp, einem 5,4-Liter-Small-Block-Motor und Viergangautomatik.«

Die begehrte Chevrolet Corvette der zweiten Generation – C2, auch als Sting Ray bezeichnet – wurde von 1963 bis 1967 gebaut. Die Corvette ist der Sportwagen mit der weltweit längsten

Laufzeit, seit 1953 ist sie ohne Unterbrechung in Produktion. Diese Corvette-Generation verband Weltklasse-Handling mit einem Styling und einer Fahrleistung, die unmissverständlich auf Amerika verweisen. Die geschwungene Fiberglas-Karosserie, angeblich ebenso vom Jaguar E-Type wie von dem wendigen Kurzflossen-Makohai inspiriert, war ein gemeinsames Werk der Designer Bill Mitchell und Larry Shinoda. Motor und Chassis lagen beim Ingenieur Zora Arkus-Duntov in fähigen Händen.

»Diese Corvette war in mehrerlei Hinsicht ein Segen: Ich arbeite nun, um zu leben, und nicht umgekehrt. Ein Punkt auf der Liste der Dinge, die ich in meinem Leben einmal getan haben möchte, war eine offene Fahrt nach Le Mans, um dort an der *Grande parade des pilotes* teilzunehmen, wo einen die Zuschauer auffordern: ›Aufs Gas, Monsieur!‹ Vor allem aber hat der Wagen dazu beigetragen, dass ich es nach 14 Jahren der Trennung geschafft habe, wieder eine Beziehung zu meinem Sohn aufzubauen. Wir haben dadurch schon schöne Zeiten miteinander verbracht, sind zum Beispiel in die Normandie gefahren – vier herrliche gemeinsame Tage, nur Vater und Sohn. An der Corvette werde ich meinen Spaß haben, bis ich einmal das Zeitliche segne. Und dann geht sie an meinen Sohn – das hat er mir jetzt schon zu verstehen gegeben.«

»Meine Mutter hasste Flugzeuge so sehr, dass unsere Familie überwiegend mit dem Auto in den Urlaub fuhr. Das waren beileibe keine Kurztrips. Frankreich, Spanien und Italien standen auf unserer Liste ganz oben – lange Fahrten, auf denen man einen bequemen, geräumigen Wagen schätzen lernt. Eine Anforderung, die ich noch heute stelle. Mein erstes Auto – nur für mich, ohne Mutter – war ein MG Midget. Für mich als Studenten war dieser Autoklassiker mit seinen geringen Kosten genau richtig; heutzutage kommt es darauf weniger an. Außerdem war der MG ein Jahrgang, bei dem mein Vater sich an kleine Reparaturen wagte (er arbeitete bei Ford). Doch nach einigen Jahren war der Wagen so weit, dass eine Vollrestaurierung nötig gewesen wäre – allein, mir fehlte die Zeit«, erklärt Tom, zuständig für digitale Effekte in der Filmproduktion.

»Dieser signalrote 1988er XJ-S gehört mir seit sechs Jahren. Damals kannte ich mich mit der Automarke nicht sonderlich aus. Meine Eltern waren gerade drei Monate auf Kreuzfahrt, also konnte mir mein Vater auch keine Tipps geben. Andererseits – wären sie nicht unterwegs gewesen, hätten sie wahrscheinlich etwas dazu zu sagen gehabt, dass ich gleichzeitig mit 50 Prozent in eine Bar eingestiegen bin!«

Jaguar XJ-S

1974 kamen die letzten Jaguar E-Type in den Verkauf, und im Folgejahr stand das Debüt des XJ-S an. Leider kam der Zwölfzylinder ausgerechnet auf dem Höhepunkt der Energiekrise heraus – die Nachfrage nach Luxus-Tourenwagen war entsprechend dürftig. Das erste Konzept kam von Malcolm Sayer; als dieser 1970 starb, übernahm das hauseigene Jaguar-Designteam unter Leitung von Doug Thorpe. Der 1983er XJ-SC Targa konnte keine Begeisterung wecken und wurde 1988 von einem erfolgreicheren Cabrio mit Vollverdeck und 5,3-Liter V12 abgelöst. Im Zuge einer Modellpflege wurde aus dem XJ-S ab 1991 der XJS, bis die Produktion 1996 schließlich auslief.

»Wenn man den ganzen Tag in einem fensterlosen klimatisierten Raum sitzt, verliert man völlig den Kontakt zur Außenwelt. Umso mehr genieße ich es, wenn ich am Freitag – sofern das Wetter mitspielt – das Dach aufmachen und ordentlich Vitamin D tanken kann! Dafür bin ich dem Gay Classic Car Club beigetreten – lauter Leute, mit denen ich mich verstehe und denen es nicht ausschließlich um den XJ-S geht, denn sie fahren alle möglichen Marken. Der Club hat mehrere tausend Mitglieder und organisiert ganzjährig Gruppenfahrten mit interessanten Zielen. Tolle Leute und ein perfekter Grund, den Wagen zu fahren. Wenn ich jemals ein anderes Auto brauchen sollte, würde das hoffentlich mein Zweitwagen, denn dieser hier ist schon was Besonderes.«

»Mein Vater hatte wirklich recht: So ein Auto enttäuscht einen nicht. Durch seinen klugen Rat bin ich zum handgefertigten Automobil gekommen. Da ich nicht weit von AC Cars in Thames Ditton wohnte, kaufte ich einen AC Greyhound mit Bristol-Getriebe und 2-Liter-Motor. Das war 1967. Meinen ersten Bristol dagegen erwarb ich erst 1982 – einen V8 411S4. 1999 wurde ›10DPG‹ – halbwegs fertig restauriert – inseriert, und meine Frau Hilary hoffte, mit diesem Schnäppchen ließe ich mich von meiner BMW loseisen. Es funktionierte nur halb: Den Wagen habe ich gekauft, das Motorrad habe ich trotzdem behalten. 2001 war die Restaurierung abgeschlossen, das Abenteuer konnte beginnen«, erzählt Geoffrey, der enthusiastische Besitzer dieses 1956er Bristol 405. Die Marke, ein relativ unbekannter, exklusiver Automobilbauer, ist bis heute eine Domäne der wahren Kenner.

»Mit dem Bristol Owners Club haben wir fast ganz Europa, Amerika, Afrika und Neuseeland bereist. Das war eine gute Vorbereitung auf unser Jahr – genauer 16 Monate – in ›Senioren-Auszeit‹. 2010 haben wir 10DPG nach Miami verschifft. Erst sind wir an der amerikanischen Ostküste bis nach Halifax in Kanada hochgezuckelt, dann rüber nach Vancouver, an der Westküste runter bis nach Mexiko, dann quer durch Zentralamerika – Guatemala, El Salvador, Honduras, Nicaragua,

Bristol 405

Costa Rica und Panama. Über Buenos Aires sind wir nach Chile, haben dort den Bristol nach Australien eingeschifft und sind schließlich – wieder per Schiff – in die Türkei. Von dort ging's über Land bis nach Rotterdam. Auf den 33 196 Meilen [knapp 55 000 km] dieser Reise reihte sich ein Erlebnis ans andere.«

Die Bristol Aeroplane Company war ein äußerst erfolgreicher Flugzeugbauer. Nach dem Zweiten Weltkrieg entstand dort eine Automobilsparte, deren Wagen man nach denselben hohen Ansprüchen wie die Flugzeuge fertigte. Lediglich 2800 Bristols verließen die Automanufaktur Bristol Cars, 42 davon waren 405er Cabrios. Bristols Aerodynamiker Dudley Hobbs, als Automobildesigner auch für den 405er verantwortlich, zog für seine Gestaltung Windkanalergebnisse heran. Wenig überraschend sind bei seinen Karosserien daher die Anklänge an Luftfahrttechnik, so die Heckflossen und der Kühlergrill mit dem beim 404er und 405er mittig angeordneten, an die Ansaugöffnung eines Triebwerks erinnernden Scheinwerfer.

»Dass wir uns auf der langen Reise nie bedroht fühlten, dass nichts beschädigt oder gestohlen wurde, hat uns in unserem Glauben an die Menschheit neu bestärkt. Jedenfalls bis wir zurück waren: Drei Wochen später hat jemand eine Beule in den Wagen gemacht und nicht einmal einen Zettel hinterlassen – unverschämt! Davon abgesehen haben wir seit April 2001 herrliche 185 000 Meilen [knapp 300 000 km] hinter uns gebracht.«

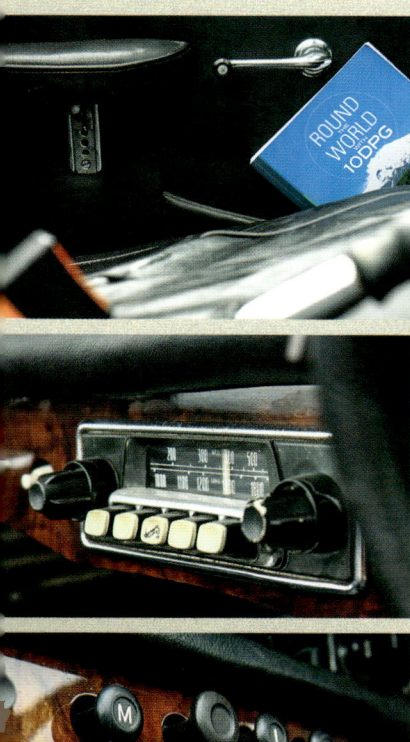

Aston Martin DB6 Vantage Volante

»Wer auf einem Hof in Wales aufwächst, lernt jung das Autofahren. So verbrachte ich die Monate vor meinem 17. Geburtstag mit Basteleien an einem altersmüden Austin-Healey ›Frogeye‹ Sprite, der mich 75 £ gekostet hatte. Das bahamagelb lackierte Resultat half mir, die Zuneigung einer jungen Dame zu gewinnen. Das Auto hielt nur kurz, die Beziehung dafür umso länger: Inzwischen sind wir 40 Jahre verheiratet. Zum 25. Hochzeitstag habe ich meiner Frau einen restaurierten Frogeye Sprite geschenkt, er glich meinem ersten Wagen bis ins Kleinste – selbst die Farbe.« So entdeckte David Richards, Gründer der auf Rennwagen spezialisierten Firma Prodrive, seine Liebe zum Automobil. Doch selbst seine kühnsten Jugendträume dürften kaum an das herangereicht haben, was er inzwischen alles geleistet hat.

»Irgendwann mussten wir unsere Sammlung an Automobilklassikern reduzieren, also behielten wir nur vier ›unverzichtbare‹ Wagen: den Sprite, einen Morris Minor Traveller, eine Frazer Nash LeMans Replika für meine Frau und einen Aston Martin DB6 Vantage Volante für mich. Mit dem DB6 wurde ein Jugendtraum wahr. Nach der Marke hatte es mich schon seit Jahren gelüstet – der Rennstall, der Ruhm ließen mich nicht los. Aber Anfang der 90er waren gute Exemplare kaum zu haben, und die Preise waren exorbitant. Eines Tages war ich für einen Termin zu früh dran; um etwas Zeit totzuschlagen, bummelte ich durch einen Oldtimer-Showroom. Unter einer Plane entdeckte ich dort einen DB6 Mark I mit 4-Liter-Sechszylinder-Reihenmotor. Offenbar hatte der bei einer Probefahrt unter der Kühlerhaube Feuer gefangen. Da der Händler ihn in Kommission hatte, griff seine Versicherung nicht, und die des Eigentümers war abgelaufen. Ein Jahr war vergangen, ohne dass sich eine Lösung abzeichnete. Ich nahm mit dem Besitzer Kontakt auf und vereinbarte mit ihm, dass ich den Wagen ›wie besehen‹ übernehmen würde; dann brachte ich ihn

direkt zu Victor Gauntlett, dem damaligen Chef von Aston Martin, und fragte, ob er ihn von Grund auf restaurieren könnte. Aston Martin war gerade nicht ausgelastet, also erklärte er sich gern bereit.«

Aston Martin wurde 1913 von Lionel Martin und Robert Bamford gegründet. Als die Firma nach dem Krieg schlechte Zeiten durchmachte, erwies sich der Unternehmer Sir David Brown als Retter in der Not – er kaufte Aston Martin 1947 für 20 500 £ auf (daher »DB«). Vom DB6 wurden von 1965 bis 1971 insgesamt 1967 Exemplare gefertigt.

»Im neuen Jahrtausend wurde der DB9 präsentiert. Prodrive sollte das Modell weiterentwickeln, um damit im internationalen Rennsport anzutreten, einschließlich Le Mans – Teamchef war ich. 2006 saß ich mit einem amerikanischen Banker beim Essen, als das Gespräch auf Fords Entschluss kam, Aston Martin zu verkaufen. Da er wusste, wie sehr ich mich für die Marke begeisterte, meinte er, ich solle sie doch kaufen. Mir fehlte allerdings eine klitzekleine Milliarde Dollar. Doch mit meinem amerikanischen Banker bekam ich die Finanzen zusammen, und ein Investorenkollektiv unter meiner Führung erwarb die Firma. Ein Jahr später war ich Chef des Aufsichtsrats von Aston Martin.«

David hat nie bereut, dass er sich damals an seinen ersten Aston Martin wagte. »Mein DB6 Volante gehört zur Familie. Seit der jüngsten Hochzeit im Königshaus reißen sich außerdem die Freunde meiner Kinder um ihn als Hochzeitswagen. Wir haben sogar eine Hochzeitsausstattung einschließlich ›Anfänger‹-Schild, um den Look von Prinz Charles' praktisch identischem DB6 Volante zu kopieren, in dem Prinz William und Kate durch die Tore des Buckingham Palace rollten. Für mich ist ein Auto dazu da, benutzt zu werden, was ich mit meinem eifrig mache – wir sind damit durch Italien und Schottland getourt, und ich fahre damit regelmäßig zur Arbeit, im Sommer mit offenem Verdeck.«

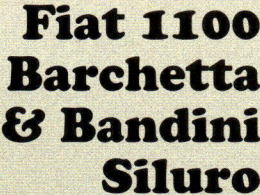

Fiat 1100 Barchetta & Bandini Siluro

»Meinem Vater gehörte eine der ältesten Autowerkstätten im norditalienischen Bergamo. Er war auf ältere Modelle spezialisiert, dadurch entwickelte ich nie einen Gefallen an modernen Fahrzeugen. So kam ich mit vierzehn Jahren zu meinem Privatprojekt – einer von Pininfarina inspirierten Alfa Romeo Giulietta Spider. Und bald danach folgte eine geschichtsträchtige Alfa Romeo Giulia Spider, die hatte 1990 die Carrera Panamericana absolviert – eine Oldtimer-Rallye auf öffentlichen Straßen von Nord nach Süd durch Mexiko. So, wie ich mich für Autos begeisterte, war schnell klar, welche Richtung ich einmal einschlagen würde.« Daniele machte seine Leidenschaft für werthaltige Oldtimer zum Geschäftsmodell: Er sammelt selbst und weist zugleich als Vermittler anderen einen Weg in diese Welt.

»Dies waren meine ersten richtigen Investitionen. Von meinem allererste Wagen wollen wir lieber schweigen – ein Fiat 500, mit dem ich auf dem Dach gelandet bin, als ich meinen Führerschein gerade einmal drei Stunden hatte. Danach habe ich mir meine Kicks lieber auf Rallyes und beim Motocross geholt. Daraus entwickelte sich eine Begeisterung für Oldtimer-Rundstreckenrennen, für die Formel Junior und für Tourenwagenrennen mit einem Lotus Cortina. Highlight

meiner Sammlung ist bisher die faszinierende Fiat 1100 Barchetta mit Stahlkarosserie – sie basiert auf dem Fiat 1100 des Italieners Pietro Frua. Sie soll die einzige existierende ihrer Art sein und zugleich der erste Wagen dieses Designers.« Pietro Frua (1913–1983) hat automobile Designgeschichte geschrieben. Seine berufliche Laufbahn begann er als Zeichner bei Farina, wo er sich schon mit 22 Jahren zum Styling-Direktor hochgearbeitet hatte. Nach Kriegsende gründete er in Turin ein Designbüro und gestaltete im Laufe der Jahre diverse traumhafte Wagen, darunter den Renault Caravelle, verschiedene BMWs und eine ganze Maserati-Flotte.

»Italienischen Sportwagen erliege ich im Nu, und dieser mit Aluminium handkarossierte 1952er Bandini Siluro mit seinen kreischenden 750 Kubik machte da keine Ausnahme. Die italienische Manufaktur Bandini Automobili existierte von 1946 bis 1992. Der torpedoförmige Wagen hatte am Bologna-Raticosa-Bergrennen teilgenommen und wurde dann etliche Jahre in Amerika bei Rennen gefahren. Nach Italien kehrte er vor etwa zehn Jahren zurück. Ständig lockt es mich, meine Sammlung zu erweitern – das bringt mein Beruf so mit sich. Momentan aber bin ich mit diesem winzigen, dafür ausgesprochen spaßigen Duo mehr als zufrieden.«

Youngtimer

Die Fahrzeugmodelle, die uns in diesem Abschnitt begegnen, könnte man beim ersten Hinsehen als schlicht nicht mehr dem Zeitgeist entsprechend einordnen. Das jedoch wäre, so meine ich, zu kurz gegriffen, denn jedes dieser Autos steht auf seine Weise für eine Fortentwicklung im Automobildesign. Mit ihnen verbinden sich Erinnerungen – auch solche, über die man geteilter Meinung sein kann: Da wären individualistische Stilaussagen von Herstellern, die sich nicht scheuen, im Fahrzeuginneren reichlich Plastik zu verbauen; dazu abgeflachte Karosserien aus Faser-Kunststoff-Verbund sowie Farbkombinationen, die dem Betrachter die Tränen in die Augen treiben, und ebenso gewagte wie beeindruckende Lackarbeiten.

In diesem Buchabschnitt haben wir Gelegenheit, eine Auswahl an Kultfahrzeugen näher zu betrachten. Dabei erfahren wir auch, warum die Besitzer so stolz auf ihre Fahrzeuge sind und was sie mit ihnen verbindet. Wir treffen auf einen Autofahrer, der über seinen Saab einen Rapport zu seinem Schwiegervater herstellt, und auf einen anderen, dem kein Rückschlag die Liebe zu seinem VW Golf austreiben kann. Der Besitzer eines Talbot Samba, dessen Erhaltungszustand das Wort »makellos« neu definiert, findet trotz seines aufwändigen Pflegeprogramms noch Zeit für maximalen Fahrgenuss. Der Fahrer eines anderen Modells, das lange als massive Geschmacksverirrung galt, hat sich über sämtliche Stilkritik souverän hinweggesetzt und hält dank seines Durchhaltevermögens heute den Fahrzeugbrief eines sehr seltenen Gefährts in seinen Händen.

Triumph TR7

»Für manchen ist die 13 eine Unglückszahl – nicht für mich. Für mich ist dieser dreizehnte Triumph ein Glücksfall. Was ich auch mache, der TR7 lässt mich einfach nicht los, egal in welcher Variante – ob 8-Ventiler, 16-Ventiler, V8, Roadster oder Coupé. Der TR7 ist mir in der Hauptsendezeit im Fernsehen begegnet, er war als Produkt platziert und hat mich nachhaltig beeindruckt – ein geniales Design, auch wenn unter dem Blechkleid alles ganz gewöhnlich war. Die keilförmigen TR werden selbst von Leuten in der Triumph-Szene abschätzig betrachtet. Ich finde, man hat ihnen immer den gebührenden Respekt versagt. Nun halte ich schon immer zu den Kleinen, Schwachen. In meinen Augen brauchen diese Triumph mit ihrem beispiellosen Design keinen Vergleich mit anderen Autos zu scheuen«, erklärt Darren, Autoverkäufer und ein Mann, der in einer Welt voll gleichartiger, gefälliger Karossen seinen Spaß an diesem Hingucker hat.

Den TR7 produzierte Triumph, zu British Leyland gehörig, von 1974 bis 1981. Der Werbespruch »Keilschnell in die Zukunft« stellte die von Harris Mann gestaltete Keilform mit der bis zum Heck verlaufenden seitlichen Sicke in den Mittelpunkt. In den USA kam der TR7 gut an, man nannte ihn »die britische Corvette«. Um das Potenzial des Wagens voll auszuschöpfen, wurde er mit einem V8 zum TR8 aufgewertet, doch war dieser durch das im Vergleich zum US-Dollar relativ starke Pfund verhältnismäßig teuer.

»Meinen ersten TR7 hatte ich vor 21 Jahren«, erklärt Darren. »Damals war er noch kein Klassiker, nur etwas Verrücktes. Mein jüngster Neuzugang ist ein TR8 in Bordeauxrot mit beißend-blauem Karopolster. Der hat sein Dasein als TR7 begonnen, aber der Vorbesitzer war ein echter Schrauber

und hat einen 3,5-Liter Rover V8 eingebaut. Und damit nicht genug: Getriebe, Hinterachse, Aufhängung und Bremsen hat er auch gewechselt – keine Ahnung, warum er nicht gleich einen TR8 gekauft hat. Wenn ich die Kollegen mal ein bisschen foppen will, fahre ich damit zur Arbeit. Einige kapieren es, andere machen spöttische Bemerkungen. Es hat was mit dem Alter zu tun: digitale Generation kontra analoge. Ich stehe irgendwo in der Mitte. Das Leben ist kurz – wenn man »alles mal gemacht« haben will, muss man schon etwas Gas geben. Darum wechseln die Wagen in meinem Leben relativ häufig. Allerdings hält sich dieser jetzt schon länger – drei Jahre sind bei mir schon eine ernsthafte Sache. Meine Freundin ist Sängerin und am Wochenende bis in die Puppen auf Tour. Dann bin ich auf mich gestellt – die perfekte Gelegenheit, den Wagen draußen so richtig auszufahren.«

»Auf dem Weg zum Familienvater geht man Kompromisse ein. Meinen Ford XR3 für einen Ford Orion 1.4 L zu verkaufen, wäre dann aber ein Zugeständnis zu viel gewesen – den habe ich gehasst. Am Vorabend meines 28. Geburtstags kaufte ich diesen 1987er Vauxhall Cavalier Mk II, ein Cabrio. Das war 1993. Zwar war es für die anstehende Vaterschaft nicht so praktisch, aber doch ein vernünftiger Kompromiss. Die 1,8-SE-Achtventilmaschine mit Einspritzung wurde von meinen Rennsemmel-Freunden akzeptiert. Obwohl der Wagen erst 6 Jahre alt war, begann ich ihn auszustellen. Im nationalen Wettbewerb 1994 holte er den ersten Preis als bestes Cavalier-Cabrio«, erzählt Tom, Flugzeugbauer und Eigentümer dieses Klassikers der Achtzigerjahre.

»Über all die Arbeit und mit der Familie bin ich nie dazu gekommen, den Wagen einmal von Grund auf zu überholen. Davon trennen wollte und brauchte ich mich nicht, sein Wert war zu der Zeit vernachlässigbar. Nach und nach wurde er eingemottet, und über die Jahre zog er von einem Wohnort zum nächsten mit um. Erst kurz vor meinem Fünfzigsten — meine Jungs waren jetzt über zwanzig — wurde mein Leben so weit ruhiger, dass ich mir ein Hobby leisten konnte. Lange zu suchen brauchte ich nicht — der ideale Kandidat wartete schon in der Garage. Also wurde mein Cavalier in seinem schönen Heliosblau ausgegraben und wieder straßentauglich gemacht.

Vauxhall Cavalier

Richtig angesagt war der Wagen nie und wird es wohl auch nie sein. Ein anderes, ähnliches Cabrio aus dieser Zeit würde schneller an Wert gewinnen. Ich habe deutlich mehr als das hineingesteckt, was der Wagen jemals wert sein wird – ich wollte dieses Erinnerungsstück wieder zum Schaustück machen.«

Die Cabrio-Variante des Vauxhall Cavalier sollte dem BMW 3er-Cabrio Konkurrenz machen. Sie entstand auf Basis des zweitürigen Opel Ascona. Damit und durch den Verzicht auf Luxus – keine elektrischen Fensterheber, keine Servolenkung, handbetätigte Haube – ließen sich die Produktionskosten niedrig halten.

»Über ein Vierteljahrhundert hatte ich Flugzeuge gebaut und unterhalten, um schließlich zum Demontage-Spezialisten zu werden, der die Flieger zerlegt, um andere in der Luft zu halten – eine echte Ironie des Schicksals. Vauxhall hat leider bei diesem Wagen keinen Gedanken an Langlebigkeit verschwendet: Es war die Ära der geplanten Obsoleszenz. Wahrscheinlich sind noch rund 50 auf der Straße unterwegs, und etwa genauso viele stehen rum. Wie in meinem Beruf – eine seltsame Parallele – suche ich dauernd Schlachtexemplare, um mein Fahrzeug am Laufen zu halten. Offene Ausfahrten mit stilechter 80er-Jahre-Musik aus der voll aufgedrehten Anlage halten die Erinnerung an meine Zwanziger für mich wach. Jemand meinte einmal: ›Ich wusste gar nicht, dass Sie einen Autoklassiker in der Garage haben!‹, worauf ich erwiderte: ›Als ich ihn reinstellte, war es auch noch keiner.‹«

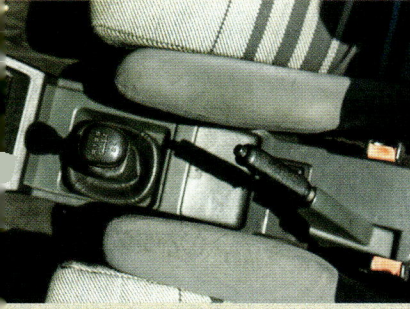

Porsche 914

»Ich komme aus der Filmbranche – Spielfilme und Liverpooler Seifenopern«, erklärt Andy. »Da wird einem Pingeligkeit in Bezug auf Design und Detail eingebläut. Außerdem glaube ich fest daran, dass Fahrzeuge Momentaufnahmen ihrer Ära sind, durch sie bekommt man wieder ein Gefühl – egal, ob positiv oder negativ – für das, was damals angesagt war. Darum gehörten mir schon diverse designbetonte Wagen: ein VW 181 Kübelwagen, ein Karmann Ghia, ein Pontiac Fiero und ein Nissan Cube, einmal sogar ein Feuerwehr-Bulli mit geteilter Frontscheibe. Obwohl ich keine Löscheinsätze fahren wollte. Eine Geschichte zieht sich da durch: Wenn ich so drüber nachdenke, hatte ich jedes Fahrzeug genau zur richtigen Zeit. Ein ganz bestimmter Wagen hat mich seit den 90ern immer angezogen – der 914er Porsche. Ein Kind der Liebe zweier Autohersteller aus ein und demselben Land.«

Ende der 60er brauchte Porsche einen Nachfolger für den 912er. In einer ganz ähnlichen Lage war VW mit seinem Karmann Ghia. Also taten sich VW-Chef Heinz Nordhoff und Ferry Porsche zusammen, um einen Sportwagen für die breite Masse zu bauen. Das Design kam von Porsche,

der Motor von VW, und mündlich verabredeten sie, dass beide Hersteller das Modell jeweils unter der eigenen Marke vertreiben sollten. Der erste Prototyp des 914er Targa mit Mittelmotor und Benzineinspritzung wurde am 1. März 1968 präsentiert. Die Probleme begannen einen Monat später, denn Nordhoff starb; sein Nachfolger Kurt Lotz war der Porsche-Dynastie nicht verbunden, und damit war die mündliche Verabredung erledigt. So kam es, dass der Wagen in Europa als VW-Porsche 914, in den USA schlicht als Porsche bekannt wurde. Das größte Hindernis für seinen Erfolg waren allerdings die Porsche-Liebhaber – wegen der vielen VW-Bauteile war der 914er für sie nämlich kein richtiger Porsche.

»Wie das heute so üblich ist, entdeckte ich meinen 914er Porsche online«, erzählt Andy. »Im selben Moment waren mein Herz und mein Verstand schon nach Zypern unterwegs,

um den Kauf perfekt zu machen. Zum Glück war gerade ein Kumpel zu seinem Hochzeitstag auf der Insel. Obwohl seine Urlaubspläne keine Unterbrechung zur Porsche-Besichtigung vorsahen, war er so nett, sich den Wagen anzuschauen und mir seine ehrliche Meinung zu sagen. Zu meiner Erleichterung war es ein Original-Fahrzeug, es gehörte einem griechischen Zyprioten aus Kalifornien, der gelegentlich einen Wagen aus seiner Sammlung zum Verkauf nach Zypern verschiffte. Und auch dieser stand nicht lange herum. Nachdem die ganzen Einfuhrformalitäten erledigt waren, konnte ich meinen Wagen herholen. Dieser Porsche hat seine eigene Geschichte. Wenn ich mir ganz, ganz viel Mühe gebe, sehe ich mich fast damit den Pacific Coast Highway entlangfahren. Wenn auch auf der Rock-Ferry-Umgehung zwischen Birkenhead und Hooton.«

Škoda Rapid

»Von Škodas hatte ich, ehrlich gesagt, keine Ahnung. Geld oder Zeit hatte ich für Autoklassiker auch nicht übrig. Als allerdings ein Nachbar ein Škoda Cabrio vor seine Tür stellte, reizte mich das sehr, und er wusste das genau. Er sattelte noch einen drauf, schenkte mir eine Mitgliedschaft beim Skoda Owners Club und lud mich zu einer Deutschlandtour des Clubs ein. 350 Autos aus ganz Europa, einige davon aus den 1930er-Jahren! Das gab den Ausschlag – im nächsten Jahr, 2003, kaufte ich mir diesen 1985er Škoda 130 Rapid.

Tigger, so nenne ich ihn, ist meine Liebhaberei. Er hat mich ein kleines Vermögen gekostet – besonders, wenn man seinen Marktwert bedenkt. Aber schließlich ist es mein Hobby, und den Spaß an der Sache kann man nicht in Geld ermessen«, sagt Colin, ehemals bei der Militärpolizei und der Eigentümer dieses vom Aussterben bedrohten Spitzenprodukts tschechischer Ingenieurskunst. Colin hat herausgefunden, dass seit der Jahrtausendwende die Zahl der Škodas aus der Zeit vor VW drastisch zurückgegangen ist. Während da noch 52 000 Škodas mit Heckmotor erfasst waren, gab es 2014 nur noch 190, und von einigen Typen nur noch vereinzelte Exemplare.

Den Grundstock für den Autobauer Škoda legten 1895 Václav Laurin und Václav Klement in Böhmen, heute Teil der Tschechischen Republik. Zunächst konstruierten sie Fahrräder. Nachdem sie diese motorisiert hatten, verkauften sie schon bald auch ihr erstes Auto – ein voller Erfolg. Um das Unternehmen auszubauen, erfolgte 1925 ein Zusammenschluss mit den Pilsener Škoda-Werken. Bis in die 60er-Jahre hinein war Škoda für seine Palette ansprechender Wagen bekannt,

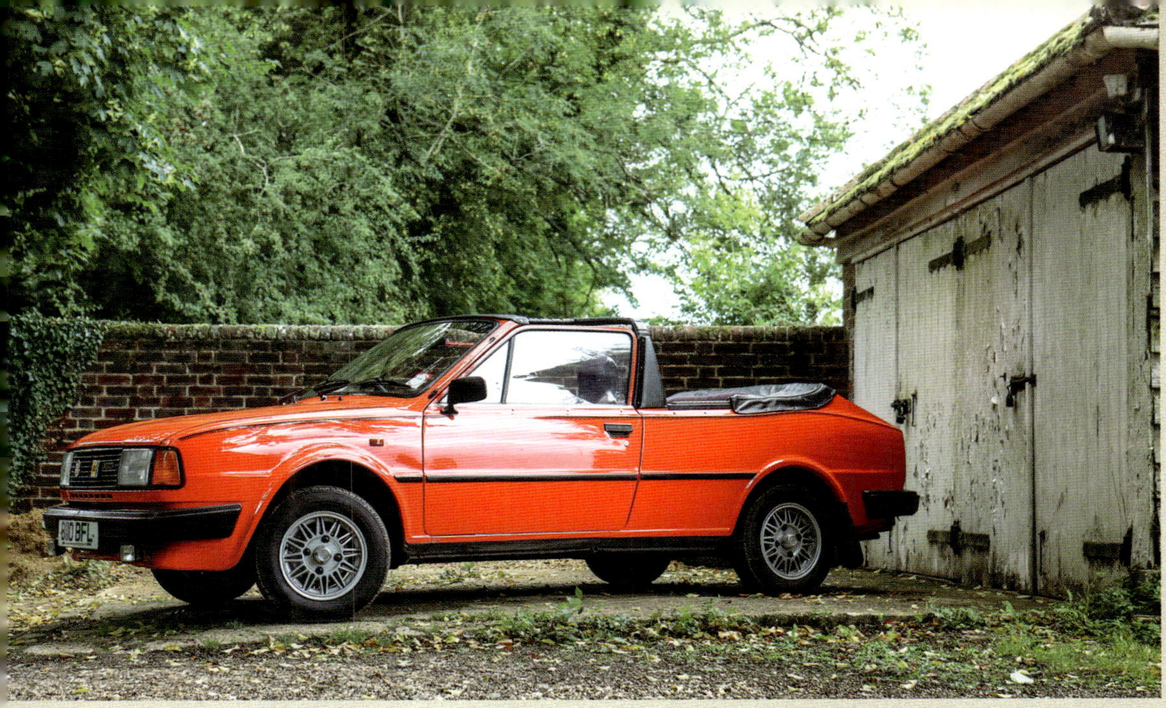

SKODA
Rapid
130

Škoda Cabriolet

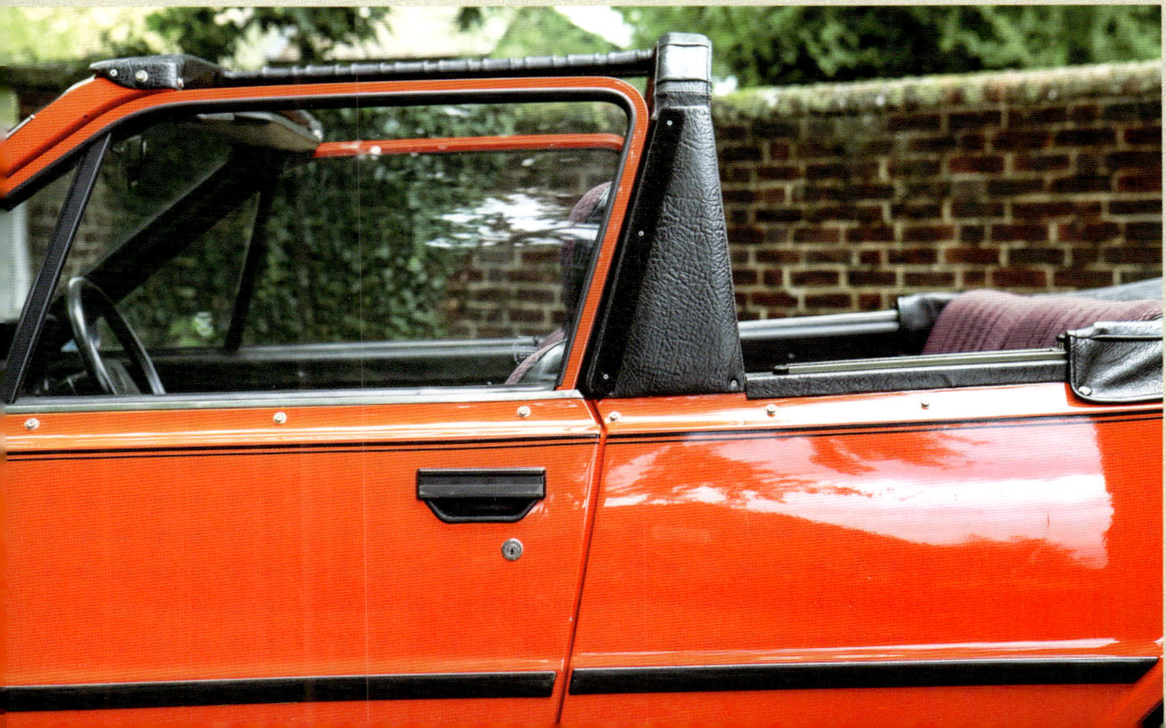

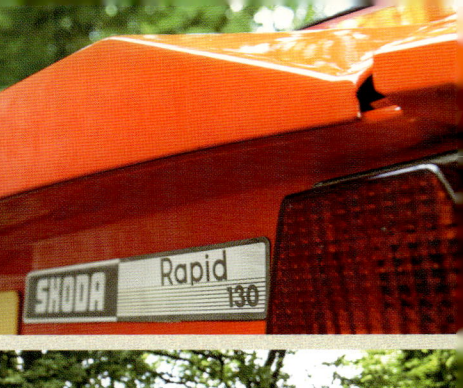

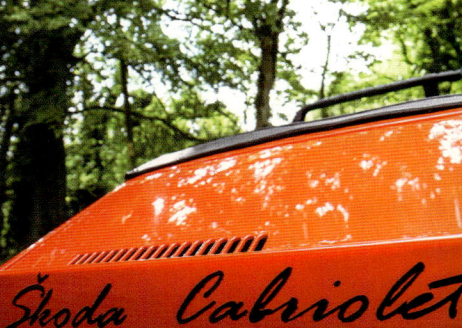

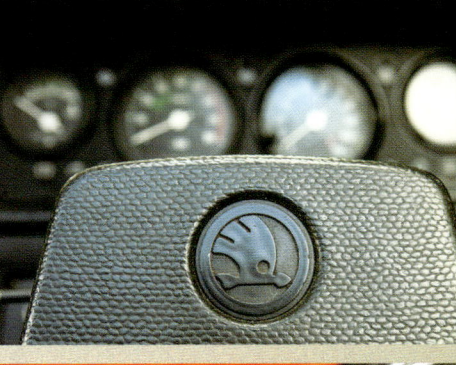

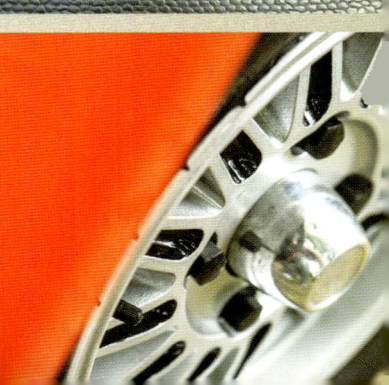

danach aber ließ die Qualität deutlich zu wünschen übrig. Wenn so auch der Ruf angekratzt war, ging es mit dem von 1984 bis 1990 gebauten Heckmotor-Wagen Rapid wieder deutlich bergauf. Das Cabrio wurde ausschließlich für den Markt im Vereinigten Königreich produziert, den Umbau führte Ludgate Design & Development durch. Von den 330 Umbauten sind heute noch 13 bekannt, sieben davon mit Zulassung.

»Leute eines bestimmten Alters können sich ihre Sticheleien nicht verkneifen und nennen das Cabrio lachend ›Schuttmulde‹ – als hätte der Witz nicht schon sooo einen Bart. An mir perlt das alles ab. Die meisten Spötter haben keine Ahnung, welche Tradition die Marke Škoda hat, und erst recht nicht, welch atemberaubende Wagen dort früher gebaut wurden. Auf- und Abbau des Verdecks sind eine ziemliche Fummelei mit den vielen Druckknöpfen und Klettverschlüssen, darum lasse ich es meist unten. Daher auch das bleiche Purpur der Sitze: Die sind von der Sonne verblasst und waren mal schwarz. Der Škoda ist bestimmt keine Rakete auf Rädern, aber mir zaubert er ein Lächeln ins Gesicht.«

TVR 450 SEAC

»Aus den 80er- und 90er-Jahren sticht der 450 SEAC mit seinem überwältigenden Aussehen hervor. Es war der Höhepunkt der Ära aggressiv-keilförmiger Wagen, und TVR schuf ein paar beeindruckende Fahrzeuge in dieser Optik. Bis heute scheiden sich daran allerdings die Geister, und am Anfang war auch ich kein Fan. Oliver Winterbottom, bekannt für den Lotus Elite und quasi der Vater aller Keilformen, hatte sie herausgearbeitet. Mir war 1980 ein TVR 3000M mit geschwungenen Linien lieber. Die ganze 80er-Aufgeregtheit um den keilförmigen TVR ließ mich kalt. Nach einer 10-jährigen Unterbrechung kam ich in den 90ern wieder zu dieser Marke, diesmal mit einer Folge von aufregend gerundeten TVR Chimaeras und Cerberas«, erzählt uns Eigentümer Andy.

»Als 2000 mein Geschäft mit dem Reaktivieren von Panzern einbrach – ich hatte einige profitable Regierungsaufträge verloren – konnte ich mir einen solchen Luxus schlecht leisten. Nach ein paar Jahren in der Flaute ermutigte mich meine Frau, wieder einen TVR zu kaufen; nun ja, ich konnte sie ja schlecht enttäuschen. Also erstand ich einen relativ günstigen 350i, ein Bastlerauto und der Anfang meiner Begeisterung für die TVRs der 80er. Mittlerweile habe ich neun davon in meiner Sammlung – meine Abneigung gegen keilförmige TVRs ist also offensichtlich Geschichte.«

Gegründet wurde TVR Engineering 1947 in Blackpool von Trevor Wilkinson und Jack Pickard. Bis 1949 führten sie allgemeinen Maschinenbau aus, dann bauten sie ihr erstes eigenes Chassis und versahen es mit einer schwungvollen Karosserie von Les Dale. Nur drei Wagen wurden bis 1953 hergestellt, diese aber wurden durch erfolgreiche Berg- und Beschleunigungsrennen einschlägig bekannt. Im selben Jahr entwickelte man ein neues Chassis, das als Teil eines Bausatzes verkauft werden sollte. Das Kit Car bestand aus Komponenten des Austin A40 und der Glasfaser-Karosserie des RGS Atalanta. Trotz geringer Stückzahlen war dies der erste TVR, der auch aktiv über Anzeigen verkauft wurde. Danach avancierte TVR zum drittgrößten Spezialhersteller für Sportwagen weltweit.

»Der 450 SEAC ist so selten wie ein weißer Rabe, meiner war also ein richtiger Glückstreffer. In den zwei Produktionsjahren 1988/89 wurden nur 18 Stück gebaut. Dieser SEAC (kurz für Special Equipment Aramid Composite, wobei Aramid Composite den Aufbau aus Kevlar, Glasfaser und Kohlefaser bezeichnet) ist stabil und leicht konstruiert und mit dem modifizierten 4,5-Liter V8 von Rover so schnell, dass einem die Luft wegbleibt. Das ist eindeutig mein TVR-Lieblingskeil, denn das Gesamtpaket aus Luxus und Leistung ist berauschend.«

VW Golf GTI

»Warum er ›Die Bohne‹ heißt, werde ich ständig gefragt. Das Ganze fing an, als mein Kollege Andy mich auf eine Spritztour in seinem Ur-Golf mitnahm. Sogar als Beifahrer fand ich das aufregend, genau das fehlte mir im Leben. Beim Durchblättern der Kleinanzeigen stieß ich auf einen ungeliebten und darum günstigen 1993er Sportline Golf. Ich also sofort mit Andy zum Angucken. Ein einziger Blick auf die trüb-ausgeblichene rote Farbe, ein kurzes Probesitzen in den anschmiegsamen Recarositzen der Werksausrüstung, und schon wusste ich: Das ist meiner. Gut, das Motorengeräusch war enttäuschend, die Aufhängung wenig vertrauenerweckend, und beim Kuppeln renkte man sich fast die Hüfte aus. Aber der Reiz eines Bastlerautos! Gesehen und gekauft. Zu meinem Erstaunen hielt er bis zu Hause durch; ich tätschelte ihn und brummte: ›Gut gemacht!‹ Das wurde von da an zur Gewohnheit. Voller Enthusiasmus begann ich mit der Politur und entdeckte unter der rosaroten Deckschicht tatsächlich einen roten Wagen. Mit Hilfe eines Fachmanns klang der Motor auch bald so, wie es sich für einen GTI gehört. Mit der Zeit habe ich ein kleines Vermögen in den Wagen gesteckt«, erklärt Toby, dem »Die Bohne« seit April 2000 gehört.

Eine der ersten Ausfahrten ging passenderweise zu einer Autoschau. »Die Anfahrt war das Interessanteste. Schon nach 20 der 120 Meilen musste ich eine mörderische Notbremsung hinlegen. Aber anstatt dass mir der Sicherheitsgurt die Rippen zusammendrückte, ging das Bremspedal glatt bis zum Bodenblech! Als der Wagen endlich stand, stieg ich aus, guckte kurz drunter und meinte zu Andy, der mich auf dem Ausflug begleitete, ich könnte nichts entdecken. ›Sollen wir wieder heimfahren?‹, fragte er. ›Nee, wir fahren einfach vorsichtig weiter und nehmen die Handbremse‹, sagte ich. Nach der Ankunft mit nass geschwitztem Rücken ließ die Anspannung nach, mein Copilot und ich klatschten uns ab, und ›Die Bohne‹ erhielt ihr übliches Lob.

Um die Heimfahrt machten wir uns Sorgen, zu Recht: sintflutartiger Regen auf der Autobahn – natürlich bei offenem Dach. Hilflos mussten wir ertragen, wie das Wasser die Frontscheibe hochkroch und uns ins Gesicht klatschte. Da das Verdeck nur bei abgeschaltetem Motor funktionierte, mussten wir warten, bis wir sicher anhalten konnten. Bei geschlossenem Dach regnete es zwar nicht mehr in den Wagen, aber das Innere war ebenso durchweicht wie wir. Also die Heizung auf volle Touren, war doch klar. Nächstes Problem: Wasserdampf. Das sah aus, als sei im Wagen etwas ziemlich Unstatthaftes im Gange. Dann wurde es noch besser, als der Wischer auf der Beifahrerseite umknickte. Kurz entschlossen rollte mein Flügelmann das Fenster runter, kletterte raus und holte den ausgebüxten Wischer rein. Irgendwie schafften wir die Heimfahrt unversehrt, und natürlich wurde ›Die Bohne‹ getätschelt und bekam ihr obligatorisches ›Gut gemacht!‹.

Von Anbeginn hatte ich ganz große Pläne für ›Die Bohne‹, und nach langer und gelegentlich tückischer Reise sind wir jetzt kurz vor dem Ziel. Gleich nach meiner Freundin Debbie bedeutet mir der Wagen alles. Immer wieder will mir jemand ›Die Bohne‹ abkaufen, und die Antwort ist nie ein ›Nein‹, nur ein trockenes Lachen und ein Kopfschütteln. Dumme Leute. Ach ja, die Antwort auf die Frage, warum er ›Die Bohne‹ heißt: Keine Ahnung. Ist halt so.«

Reliant Scimitar SS1

»An einem Reliant Scimitar SS1 kann man viel Freude haben, wenn man erstens über die Spötteleien hinweg ist (›Oh, genau so einen hatte Prinzessin Anne!‹ – ›Sollen die nicht in Flammen aufgehen und schmelzen?‹), zweitens gelernt hat, dass Spaltmaße in Haferkeksstärken gemessen werden (einer ist okay, zwei nicht), und drittens akzeptiert hat, dass man irgendwann nach heißem Kunststoff riecht und die Arme jucken. All dies, dazu noch meine Schwäche für alle Unterdrückten und Verfolgten, lässt mich umso stärker an diesem Plastik-Unikum hängen.

Bereits als ich zehn war, fing es an: Da rief ich einen Inserenten an, um mir bestätigen zu lassen, dass die 25 £, für die sein dreirädriger Reliant Robin annonciert war, kein Druckfehler waren – mein Vater meinte, es sollte bestimmt 250 £ heißen. Meine Eltern machen viel mit, also hievten wir den Kleintransporter ein paar Tage später mit vereinten Kräften auf unseren Hänger (die Rampe war für zweispurige Fahrzeuge ausgelegt). Nach mehrmonatiger Arbeit brachte mir der Wagen einen ordentlichen Profit, der mich meinem Traumauto, dem Scimitar SS1, ein Stück näher brachte. Endgültig erreichte ich dieses Ziel mit elf; mein Vater war dabei behilflich, denn er wollte endlich ein Ende meiner Besessenheit mit Reliant Robins sehen«, erklärt Philip. Ihm gehört dieser britische Roadster der 80er, ein Modell, das nie so recht in die Gänge kam.

Zu Beginn der 80er war der SS1 (»Small Sports«) eigentlich eine echte Chance für Reliant, denn konkurrierende britische Roadster gab es nicht. Das Chassis vom Lotus Elan inspiriert, das Styling vom italienischen Designer Giovanni Michelotti – die Zukunft hätte gesichert sein können. Doch die Vision des Designers fand keine konsequente Umsetzung. Nach Michelottis Tod 1980 blieb es anderen überlassen, diesen seinen letzten Entwurf zu interpretieren. Trotz großer Pläne blieb der Erfolg des Scimitar bei seiner Präsentation 1984 weit hinter den Erwartungen zurück. Der schwache 1,3-Liter-Motor und die gewaltigen Entwicklungskosten besiegelten sein Schicksal endgültig. Statt der geplanten 2000 Exemplare jährlich wurden insgesamt nur 1507 Wagen gefertigt.

»Wenn ich einen Reliant in Nöten sehe, blutet mir das Herz. Zählt man alle restaurierten und anschließend verkauften Exemplare mit, habe ich inzwischen 32 SS1er besessen, in allen Variationen, einschließlich des 1800Ti Turbo – ein phänomenales Auto, so hätte der allererste SS1 aussehen sollen. Diesen 1,3-Liter SS1 habe ich seit 2008, ich habe dafür einen Reliant Kitten hergegeben. Mir liegt ziemlich viel an dem Wagen, denn darauf habe ich meinen Führerschein gemacht. Der Fahrlehrer konnte sich damit überhaupt nicht anfreunden – er konnte nicht schnell genug wieder aussteigen. Seitdem fahre ich ihn täglich. Der 1200er-Marke an Trackday-Meilen [2000 km] bin ich hart auf den Fersen; zusammen haben wir 3000 Meilen [knapp 5000 km] nach Südspanien und zurück hingelegt, und für meine Hochzeit war er mit Schleifen und Luftballons dekoriert. So selten, wie der SS1 ist, bekommt man ab und zu interessante Dinge zu hören: ›Netter Triumph!‹ Und von einem Tankwart, vielleicht ein kleiner Scherzbold: ›Ist das ein Lamborghini?‹ Vor Kurzem haben wir 30 Jahre SS1 gefeiert. Ich selbst habe den Wagen bisher nicht als Klassiker gesehen, aber irgendwann gilt er hoffentlich als einer.«

Saab 900 Turbo

»Wieso einen Saab?« war meine erste Frage an Richard, dem diese schwedische Design-Ikone gehört. »Nun ja«, meinte er, »er macht mich meinem Schwiegervater sympathisch (der derzeit seinen 37. Saab fährt), und außerdem bilde ich mir ein, ich hätte sowieso irgendwann einen gehabt, denn das sind einfach tolle Autos. Dass ich bis heute dabeigeblieben bin, hat aber mit meinem Schwiegervater nichts zu tun – es gibt einfach kein Zurück mehr, wenn man die Saab-Familie erst einmal kennengelernt hat. Ich kann den Finger gar nicht so genau drauflegen ... Eine Spur Reserviertheit haftet der Marke an, vor allem aber lassen mich die gesichtslosen Durchschnittsautos kalt. Wenn man schon Auto fährt, dann bitte eines, das auch gefällt.

Wenn man bei offenem Verdeck die Straße entlang schnurrt und den Turbo spürt, dann fühlt man sich in diesem Wagen schon sehr gut aufgehoben. Das ergonomisch gestaltete Cockpit ist wie eine schützende Hülle – sämtliche Hebel, Schalter und Anzeigen sind nach Wichtigkeit angeordnet, sodass man nur sehr selten den Blick von der Fahrbahn nehmen muss. Ich könnte Lobeshymnen auf die vielen raffinierten Innovationen singen, für die die Marke bekannt ist. Solche Perfektion

kostet allerdings – der damalige Neuwagenpreis treibt einem noch heute die Tränen in die Augen! So entstand der Eindruck, dass nur Ärzte und Architekten Saab fuhren.«

Vom Saab 900 wurden zwei Generationen gefertigt, von 1978 bis 1998. Das 900er Cabriolet entwarf Robert J. Sinclair, Chef des amerikanischen Zweigs von Saab-Scania, der sich davon eine Ankurbelung der Absatzzahlen versprach. Der Prototyp wurde 1983 auf der IAA in Frankfurt enthüllt, wo er auf solche Begeisterung stieß, dass Saab das Modell schon im Frühjahr 1986 in Produktion hatte; die Verkaufszahlen übertrafen letztendlich alle Prognosen.

»Viele werden bestätigen, dass die Unterhaltskosten für diesen zukünftigen Klassiker oft den eigentlichen Fahrzeugwert übersteigen. Doch natürlich war es eine lohnende Anschaffung (die Werkstattrechnungen der letzten drei Jahre ignorieren wir einmal). Insgesamt gesehen, bekommt man hier relativ günstigen, dafür aber ungebrochenen Fahrspaß. Das erzähle ich gern weiter, und so habe ich schon zwei Skeptiker zu der Marke bekehrt, was mir bei meinem Schwiegervater einen weiteren Pluspunkt eingebracht hat.«

Peugeot 304

»Als Gleichaltrige noch fleißig die Kinderserie Balamory guckten, ratterte mein Sohn William schon mit beeindruckender Treffsicherheit Automarken herunter, wann immer wir durch die Stadt fuhren. Mit dieser Besessenheit konnte ich mich gern anfreunden, wie wohl jeder stolze Vater. Vor drei Jahren allerdings bin ich Williams' Drängen erlegen und habe ihm in meinem Namen – er war erst zwölf – ein 1975er Peugeot 304 Cabrio gekauft, seit Langem sein Lieblingsauto.

Dass nur noch so wenige dieser Autos verkehrstauglich sind – 23 beim letzten Zählen –, hat zwei Gründe: a) Bei dem schlechten Wetter hier in England sind viele verrostet, und b) 304er, die sich nicht mehr sinnvoll restaurieren ließen, wurden als Schlachtfahrzeuge genutzt. Tatsächlich ist unser Wagen nur dank zweier Schlachtexemplare in seinem jetzigen Zustand (bitte nicht zu genau hinsehen). Das eine haben wir gekauft, es wartete schon auf die Schrottpresse; das andere hatte nach einem Kabelbrand vor sich hin gerostet, das bekamen wir geschenkt (wir haben einen Blumenstrauß hingebracht). Oft haben wir überlegt, ob sich die Sache überhaupt rentiert, aber wir sind drangeblieben. Fertig sind wir noch längst nicht, aber am liebsten gondeln wir jetzt schon damit herum«, erläutert Mark, der seinen Sohn durch die Gegend chauffiert.

Youngtimer .111

Der von Pininfarina in sechs Karosserie-Varianten gestaltete 304 war seiner Zeit ziemlich voraus und ein Erfolg für Peugeot; von 1969 bis 1980 verließen insgesamt 1 178 423 Exemplare das Werk, davon 18 647 Cabriolets (1970–1975). Das schicke Cabrio war außerdem die erste Modellvariante, die als 304 S in den Genuss der durchzugstarken 1,3-Liter-Maschine mit 75 PS kam.

Will ergänzt: »Mir gefällt das Styling der Autos von heute, aber den stereotypen Sportwagen lasse ich trotzdem gern links liegen – besonders dann, wenn ich weiter hinten etwas Originelles aus den 70ern oder 80ern erspähe. Für solche Autos habe ich anscheinend eine richtige Spürnase, die hat mir schon etliche Follower im Internet eingebracht, denen gefallen meine Fotos von vergessenen Klassikern. Ich zähle schon die Tage, bis ich den 304 endlich selbst fahren darf, und sei es nur, damit mein Vater endlich mal Ruhe vor mir hat. Allerdings – ohne Servolenkung und mit einer Schaltung, die sich anfühlt, als würde man in einem Suppentopf rühren, da sollte ich die Fahrprüfung vielleicht in einem Gefährt machen, mit dem ich bessere Chancen aufs Bestehen habe.«

»Polieren gehört zu meinem Leben, seit ich 1980 meinen ersten Dienstwagen bekam. Manche finden es ja schon extrem, wenn jemand in der Mittagspause rausgeht, um seinen Wagen kurz einmal abzuledern; was würden die wohl sagen, wenn sie wüssten, dass ich schon eigenes Geld in einen Satz 8-Speichen-Chromfelgen investiert habe? Es gibt bestimmt nicht viele Leute, die ihren Dienstwagen aufpeppen«, meint Terry, der sich 1987 bei der Suche nach einem günstigen Cabrio für den Talbot Samba entschied.

»Der Samba passte genau zu meinem Budget. Außerdem war er praktisch, hatte gute technische Daten und Pininfarina-Styling und kam mit seinen 1360 Kubik in grandiosen 12 Sekunden von Null auf 100. Mit den Jahren waren Talbots immer seltener auf der Straße zu sehen. Je seltener sie wurden, desto mehr wuchs meine Begeisterung für meinen Samba und für die Detailpflege. Mit Autowäsche hat das rein gar nichts gemeinsam, die ist ein typisches Sonntagmorgenritual; Detailpflege dagegen ist die Eintrittskarte in die Welt hochglänzender Karossen. Bewunderte Spezialisten wie Larry Kosilla, der seine Tipps und Tricks ins Netz stellt, genießen regelrechten Rockstar-Status. Um Ihnen nur einen kleinen Eindruck zu vermitteln: Wir reden hier von vollentsalztem Wasser bei Raumtemperatur, von Zwei-Eimer-Technik (Waschen/Nachspülen),

Talbot Samba

von Mikrofasertüchern und Pinseln und Lackknete, vom Polieren und von Spezialpflegemitteln für jede Oberflächenart.

Ich habe diesen Talbot Samba 1996 gekauft. Er war einst Teil der Patrick Collection, 1960 von Joseph Patrick begonnen, dem Chef von Patrick Motors. Zeitweise umfasste die Sammlung 240 Fahrzeuge. Sie haben dort immer wieder Spitzenmodelle ausgestellt, die einzig die Auslieferungsmeilen auf dem Zähler hatten. So kommt es, dass auch mein in Watte gepackter Wagen nur 5187 Meilen zusammenhat.«

In letzter Zeit habe er aber nachgelassen, verrät Terry: »Ich stelle auf weniger Schauen aus als früher, darum erreicht der Wagen auf einer Skala von 1 bis 10 jetzt nur noch eine 8. Ihn wieder in makellosen Wettbewerbszustand zu bringen, würde eine mehrmonatige Tiefenreinigung erfordern. 150 £ für eine Dose Polierpaste hinzulegen, klingt vielleicht übertrieben, aber dass ich so viel Zeit und Geld in ein Auto stecke, von dem so mancher meint, es lohne den Aufwand nicht, ist für mich völlig irrelevant. Der Wagen ist Kult, in ganz Großbritannien gibt es vielleicht noch 40 Stück – da wäre ich verrückt, mich von meinem Samba zu trennen. Abgesehen davon, wer würde mein anspruchsvolles Pflegeprogramm übernehmen wollen?«

Individualisten

Wie bereits der Titel verrät, sind wir in diesem Abschnitt für alles offen. Ob Stil, Größe, Erhaltungszustand oder Modifizierung – sobald sich jemand vom Üblichen ab- und mit ganzem Herzen dem Individuellen oder gar Exzentrischen zuwendet, hat das etwas sehr Frisches an sich.

In diesem Kapitel dreht sich alles um Menschen, denen man mit Konformität nicht zu kommen braucht. So begegnen wir dem Halter eines Gefährts, das für die Stranddünen Kaliforniens gemacht ist und dennoch täglich auf der Fahrt zur Arbeit zum fröhlichen Einsatz kommt. Ein anderer Fahrer besitzt das Beste aus zwei Welten, denn sein Auto schlägt auf mehr als eine Art Wellen, sobald es durchstartet. Wir sehen einen Ford Model A Roadster mit herrlicher Patina, der in Kalifornien nach beinahe 60 Jahren aus einer Scheune befreit wurde. Ein Nash Metropolitan illustriert die Devise »klein, aber fein«, und ein Westfield Eleven zeigt, dass ein Nachbau ganz und gar nicht zu verachten ist, wenn ans Original nicht mehr heranzukommen ist.

Die Fahrzeugbesitzer, die uns diese ungewöhnlichen Gefährte vorführen, sind zu ihrer Eigenwilligkeit zu beglückwünschen. Manche treiben das Cabrio auf die Spitze, testen die Grenzen des Genres aus. So ermuntern sie wiederum andere dazu, ihre eigene Unangepasstheit auszuleben. Jeder Mensch ist einzigartig – wie wär's, wenn wir öfter nach diesem Prinzip leben würden?

Westfield Eleven

»Ein Ausflug zum Crystal Palace Circuit im Juli 1965 war der Anfang, ab da ließ mich der Motorsport nicht mehr los. Etliche Jahre war ich als Rennsportfotograf tätig, bis zum August 1976 – da krachte genau neben mir ein Formel-2-Wagen in die Schutzwand. Vier Monate später war ich wieder an der Arbeit, aber meine Nerven machten nicht mehr mit. Mit einem Auge durch den Sucher zu schauen, während das andere sich mit dem Umfeld beschäftigt, ist der Bildqualität nicht gerade zuträglich. Das mag das Ende dieses Teils meiner Karriere gewesen sein; meine Leidenschaft aber war damit nicht erloschen. Als irgendwann die Kinder aus dem Haus und die Rentenjahre in Sicht waren, war die Zeit eindeutig reif für einen Sportwagen, also gestattete ich mir ein tolles Ding – einen Caterham Seven. Aber das war noch nicht das Ende der Fahnenstange – im Visier hatte ich nämlich den Westfield Eleven«, erzählt Chris über seinen aus den frühen Achtzigern stammenden Nachbau des berühmten Lotus Eleven. Unter dem aerodynamischen Fiberglaskleid dieser Kit Cars verbirgt sich ein Gitterrahmen, der die Technik eines Schlachtfahrzeugs trägt – Motor, Schaltung und so weiter stammen meist von einem MG Midget oder einem Austin-Healey Sprite.

»Ohne einen entsprechenden Thread in einem Forum hätte ich sicher länger als ein Jahr nach meinem Westfield Eleven gesucht. Es ist einer von 138, gebaut hat ihn Ray Concar, ein Westfield-Ingenieur. Ray verlieh ihn bisweilen an einen Motorsportjournalisten oder an einen richtig schnellen Rennfahrer. Aber als er sich selbst aus dem Rennsport zurückzog, geriet auch sein Westfield aus dem Rampenlicht – jedenfalls so lange, bis Peter Shaw ihn kaufte und für die Straße umbaute. Leider hatte Peter nicht die Zeit, das Projekt bis zum Ende durchzuziehen. Davon profitierte ich, als ich ihm den Wagen 2007 abkaufte, denn die meisten teuren Arbeiten hatte er bereits erledigt. Die GFK-Haube war stellenweise deutlich verstärkt, denn während der Rennjahre waren mehrfach Reparaturen nötig gewesen. Dafür war ich richtig dankbar, als gleich bei meiner ersten Fahrt aus dem Nichts ein Reh auftauchte, auf der Haube landete und über den Wagen flog!

Heute sind Replikate akzeptabel, das Wort gilt nicht mehr als Beleidigung. Zwar packt meinen Westfield bei jeder Temposchwelle das Grausen, der Stauraum ist minimal, der Wendekreis riesig, die Türen nutzlos, die Reichweite liegt bei knapp 200 km und der Lärmpegel bei 108 dB, aber wenn mir der Höcker den Wind durchs Gesicht reißt, möchte ich in nichts anderem sitzen! Ich treffe mich oft mit Peter Shaw auf dem Brands Hatch Circuit – jedes Mal meint er, wie gern er den Westfield noch hätte. So ein Pech – den behalte ich jetzt, bis ich nicht mehr reinklettern kann.«

»Ganz ehrlich – ich kann mir nicht vorstellen, irgendwas anderes zu fahren. Dies ist nicht der übliche praktische Klassiker; trotzdem habe ich in den zwölf Jahren, seit ich ihn gebaut habe und damit zur Arbeit fahre, 115 000 Meilen [gut 185 000 km] zusammenbekommen. Das liegt daran, dass ich ihn rund ums Jahr benutze: Selbst im tiefsten Winter ist mir dank meiner Heizklamotten kuschelwarm. Der Wagen hat schon was – volle 600 kg Fahrspaß. Er malt mir immer ein Grinsen ins Gesicht, genau wie denen, die mich auf meiner täglichen Fahrt zu sehen bekommen«, erzählt Peter, der Ingenieur, dem dieser Meyers Manx gehört. »Ich würde mal sagen, so richtig Spaß am Fahren habe ich seit rund 30 Jahren. Da wollte ich unbedingt einen Offroader, einen Baja Buggy, also kaufte ich einen 1954er Brezel-Käfer (die wurden einem damals nachgeschmissen) und ging mit einer Stichsäge zu Werke. Selbst ohne die Dünen Südkaliforniens war das Endresultat genau das, was ich mir erträumt hatte – ich behielt ihn lange Jahre und verkaufte ihn schließlich nur deshalb an meinen Bruder, weil ich Minis zu Customs umbauen wollte.

VW Buggy

Diese Flitzer haben die kalifornische Strandkultur mitdefiniert. Ich hatte das Glück, den Urheber des Konzepts kennenzulernen – den Ingenieur, Künstler, Bootsbauer und Surfer Bruce Meyers. Nachdem der seine Idee für ein kleines, leistungsfähiges Spaßmobil zu Papier gebracht hatte, produzierte er 1964/65 zwölf Monocoque-Prototypen. Der allererste Buggy erwies sich als teuer, das brachte ihn auf die Idee, die Karosserie auf eine verkürzte VW-Käfer-Plattform zu setzen. Der Rest ist Geschichte, sein ursprüngliches Konzept wurde wohl über 300 000 Mal nachgeahmt. 2014 traf ich Bruce auf einer VW-Schau, da war er Ende 80; da mein Strandflitzer ein echter Mel Hubbard mit Lizenz ist, war er so freundlich, ihn zu signieren – eine große Ehre.

Diese meine Glasfaser-Badewanne ist ziemlich wichtig für mich. Die Preise, für die solche und andere Fahrzeuge in der VW-Szene gehandelt werden, grenzen aber schon an Irrsinn. So können nur die Allerwenigsten dazugehören. Von dem Buggy trenne ich mich garantiert nie – er macht mir einfach zu viel Spaß! Für uns beide müssen sie dereinst ein extragroßes Loch ausheben.«

Nash Metropolitan

»Lange bevor ich auch nur davon träumen konnte, mir einen Nash Metropolitan zu gönnen, stand ich mit großen Augen vorm Schaufenster eines Oldtimer-Showrooms und bestaunte das ausgestellte Exemplar – ein absolutes Kitschauto, ich war sofort hin und weg. 17 Jahre ist es her, da hatte ich schließlich das Geld zusammen und machte meinen Traum wahr – allerdings musste der Wagen noch restauriert werden. Und dabei blieb es die nächsten acht Jahre, trotz allerbester Absichten: Ich habe ihn nicht ein einziges Mal gefahren. Ein Freund, der wohl von meinen ewigen Ausreden genug hatte, meinte, sein Sohn habe (im Gegensatz zu mir) gerade einen Nash Metropolitan fertig restauriert. Immer wieder kam er damit an, ich solle den doch kaufen, dann könne ich endlich mein zum Scheitern verurteiltes Projekt sein lassen. Um mich so richtig in Versuchung zu führen, parkte er ihn in meiner Einfahrt. Ganz schön dreist, aber es hat funktioniert – der steht noch heute da«, erklärt die tanzbegeisterte Myia, der dieses Unikum der Automobilgeschichte gehört.

Während die meisten amerikanischen Hersteller ganz auf die Philosophie »je größer, desto besser« setzten, entschied sich die Nash Motor Company, ein eher bescheidenes, sparsames Fahrzeug anzubieten. Doch in Amerika war noch nie ein kleiner Wagen gebaut worden; man hielt es daher für zwingend, ihn in Europa konstruieren zu lassen. Nach einigen Verhandlungen hieß es 1952, die Produktion werde von der Austin Motor Company sowie von Fisher & Ludlow – beide später zu BMC gehörig – ausgeführt. Zum ersten Mal in der Geschichte wurde ein in Amerika entworfenes und für diesen Markt bestimmtes Auto komplett in Europa gefertigt. Die gesamte Produktion von

1953 bis 1957 war für den Export nach Amerika bestimmt. Danach vermarktete Austin den Wagen in Großbritannien als Austin Metropolitan, bis die Fertigung 1961 eingestellt wurde.

»Mishmashmepompom heißt er, weil viele so tun, als könnten sie ›Nash Metropolitan‹ nicht aussprechen. Den gebe ich nicht mehr her, ich liebe ihn. Ich und mein Wagen – selbst wer mich nicht kennt, dürfte mein Auto kennen. Wir zwei gehören zusammen wie Fish & Chips. Und so sind wir ständig gemeinsam unterwegs, zu den ganzen 50er-, 60er-Jahre-Events mit genau der Art Musik und Tanz, die ich mag. Bei diesen Veranstaltungen sieht man logischerweise auch Oldtimer. Das hat mich unter anderem zu den Vultures gebracht, dem ›überflüssigsten Automobilclub der Welt‹ – das stammt nicht von mir, das sagt unser Club über sich. Genau wie ich ist man dort der Meinung, jeder solle sein eigenes Ding machen und die Puristen ignorieren. Mein Nash hat beispielsweise ein Pinstriping und ist tiefergelegt – eine rein persönliche Entscheidung: Ich habe ihn Myia-gestylt. Ich sehe im Nash etliche Parallelen zu mir – ein Mischmasch aus allem, was mir wirklich gefällt.«

Cadillac Eldorado

»In den 50ern brauchte man auf dem Schrottplatz nur 20 £ hinzulegen, und schon hatte man ein Ford Model B Coupé mit V8-Seitenventiler. Ich habe mit einem nach dem anderen Walthamstow unsicher gemacht und die Polizei in Atem gehalten«, erklärt Bulldog Bill, dem gegenwärtig dieser 1972er Cadillac Fleetwood Eldorado gehört, nachdem er zuvor schon sieben andere Cadillacs besaß und zahllose weitere Autos. Die wilden Jagden klingen nach grenzenlosem Spaß, konnten das schöne Geschlecht aber wohl wenig locken. »Bei meinem ersten Cadillac jedoch stellte ich überrascht fest, dass der ein echter Mädchenmagnet war! Ich war schüchtern mit zwanzig und wusste nicht viel zu sagen, aber das war ihnen egal – der Wagen sprach für mich. Mit dem 1953er Caddy Cabrio will ich wohl jetzt, fünfzig Jahre später, den Zeiten von damals ein bisschen nachhängen.

Meine Schrauberei ergab sich irgendwie von selbst, ich hatte keinerlei Ausbildung – liebte nur die Autos, die Technik und die großen Motoren. Ungläubig schau ich mir heute die Einzelstücke an, die ich damals gebaut habe, und frage mich, woher ich a) die Ideen und b) die Kenne nahm. Ich habe sogar aus einem knappen Meter Caddy-Schrott eine Musiktruhe gebastelt und die in den 14. Stock geschleppt. Heute habe ich nur noch meine Erinnerungen, meine Fotos, meinen treuen Cadillac und meine letzten paar Haare auf dem Kopf.«

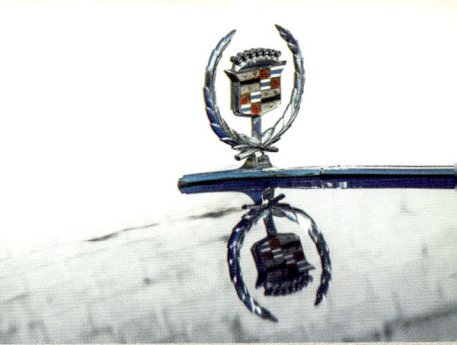

Dieser Eldorado der 7. Generation (1971–1978) war der Anfang vom Ende der gigantischen Karossen und überdimensionierten Motoren, ein Exzess in jeglicher Hinsicht, genau wie der Name – *el dorado* heißt auf Spanisch »der Goldene«. Im Vergleich mit früheren Inkarnationen wirkt seine Linienführung eleganter, wozu die Verdeckfach-Klappe ebenfalls beiträgt. Zur aufwändigen Innenausstattung gehören Applikationen mit verschlungenem Aztekenmuster (wenn auch lediglich in Holzoptik) sowie Knöpfe über Knöpfe.

»Diesen Cadillac habe ich 2007 gekauft. Er war billig; es musste was dran gemacht werden, aber nichts, was ich nicht konnte. Ich habe eine ruhige Kugel geschoben, bis jemand meinte, ich könnte den doch für schönes Geld als Hochzeitswagen vermieten. Jawohl, meine magere Rente aufbessern, dachte ich, also habe ich ihn quietschrosa lackiert und auf die Buchungen gewartet. Leider kamen nur ein paar Aufträge, und wenn ich den Tank für die 8,2-Liter-Maschine voll gemacht hatte – bei einem Kompaktwagen hätte das für einen Monat gereicht – lohnte die Sache schon nicht mehr. Der Stress mit den Beleidigungen, die ich auf der Straße zu hören bekam, lohnte genauso wenig – über kurz oder lang war ich bei einer anderen Farbkombi.

Ich liebe diesen Wagen, aber momentan weiß ich nicht, was mit der Garage wird, in der er steht. Wenn die Baupläne durchkommen, landet er auf der Straße. Stellplätze für knappe sechs Meter Auto gibt es nicht. Außerdem wird er da wahrscheinlich demoliert, und die Parkgenehmigung ist sauteuer – eventuell muss ich ihn also verkaufen. Ich gebe die Hoffnung nicht auf, aber vielleicht geht diese schöne Ära doch zu Ende.«

Simca Océane

»Während sich alle Welt Ford Anglias und Minis anschaffte, begnügte ich mich mit einer 1959er Simca Aronde für 12 £. Die war eigenwillig: Kaum wagte ich mich mal ins Umland, musste mich jemand zurückschleppen. Das ging so, bis ich einmal eine etwas heftigere Auseinandersetzung mit einer Brücke hatte. Der Knall hat den Wagen wach gerüttelt – von da an gab es keinen einzigen Aussetzer mehr. Meine Hochachtung für diese robusten Autos, die man am besten ordentlich treibt, wuchs zusehends. 1985 hatte ich schon eine ganze Reihe Simcas gefahren, überwiegend vom Typ Aronde – übrigens das erste eigenständige Modell dieses französischen Autobauers.

In Großbritannien gab es kaum Simca-Vertretungen, aber Carmarthenshire in Wales war eine richtige Hochburg. Als ich einmal bei meinem Händler vorbeischaute, stand da ein 1959er Zweier-Cabrio, eine Océane auf Basis der Aronde-Bodengruppe. Die Océane mit ihrer Facel-Karosserie wies einige Parallelen zum Ford Thunderbird auf, bis hin zur modernen Panoramascheibe. Kein Zufall, denn Simca hoffte auf eine Marktnische in Amerika. So gern ich den Wagen gehabt hätte – noch ein Auto ließ sich nicht rechtfertigen, und die 3500 £ fehlten mir auch«, erklärt Dick, dem diese Aronde (altfranzösisch für »Schwalbe«) gehört.

»Als Schnäppchen war dieser Wagen nie geplant; Facel-Styling, hohe Ingenieurskunst und diverse Raffinessen sorgten für einen hohen Listenpreis. Mit der heftigen Luxussteuer kostete die Océane mehr

als ein Jaguar, weshalb sich der Import nach Großbritannien geradezu verbot – daher auch die geringe Stückzahl hier im Land.

1998 war ich zum glühenden Simca-Fan avanciert und Vorsitzender des britischen Simca-Clubs; das brachte mir hin und wieder einen Anruf ein, wenn irgendwo ein Simca zu retten war. Einmal ging es dabei um einen Wagen aus den 70ern, den der Besitzer losschlagen musste, um seine Hochzeit zu finanzieren. Als ich ankam, stand da aber ein 50er Simca – und zwar exakt die Océane, der ich Jahre zuvor den Rücken kehren musste. Die Fehlinformation war auf eine Neuregistrierung bei der Einfuhr nach England 1974 zurückzuführen. Der Verkäufer hatte nicht viel Gutes über den Wagen zu berichten, er spulte eine lange Mängel- und Meckerliste ab. Doch als der erst meiner war, für 350 £ – ein Zehntel des Preises von 1985 –, stellte ich fest, dass sich alles leicht in Ordnung bringen ließ. Das meiste war auf Reparaturfehler an der Mechanik zurückzuführen.

Bis heute wird meine Océane im Alltag gefahren, ein echter ›Gebrauchtwagen‹. Regelmäßig poliert wird bei mir nicht, für so was gibt es die Druckluftpistole. Wäre der Wagen restauriert, würde ich ihn weniger häufig benutzen. Meine Ausflüge nach Frankreich würden darunter leiden. Ich kann zwar kaum Französisch, aber der Simca bringt mich schnell in Kontakt, so sehr lieben die Franzosen die Marke noch heute.«

»Autos wie das Model A von Ford, den Nachfolger des Model T, gab es Ende der 1940er-Jahre in rauen Mengen, die Schrottplätze konnten sie kaum fassen. Da schnappten sich drei junge Kerle im kalifornischen San José ein 1930er Ford Model A Sportcoupé und modifizierten es mit Brennschneidern zum Roadster – das Dach und die Trittbretter kamen ab, und die Windschutzscheibe wurde gekürzt. Was sie genau damit anstellten, bleibt ein Geheimnis; wahrscheinlich spielte ein ausgetrockneter See eine Rolle. Sicher ist jedenfalls, dass sie den Motor ruinierten. Ihren Spaß hatten sie gehabt; anstatt zu reparieren, schoben sie den Wagen in eine Scheune, und da stand er – von 1951 bis 2008.

Diesen Roadster entdeckte ich 2011 während einer abendlangen eBay-Tour. Die echte Patina, die Gestängebremse und die vorderen Kotflügel aus durchgesägten Radverkleidungen haben es mir sofort angetan. Das Startgebot betrug 125 $. Ich wollte nicht übereifrig erscheinen, also wartete ich bis zum Morgen – da lag das Höchstgebot schon bei 7500 $. Das war's dann wohl, der Preis bewegte sich endgültig aus meinem Rahmen – dachte ich jedenfalls. Abends sah ich mutlos nach dem aktuellen Stand und stellte fest, dass man ihn nun für 8900 $ ›sofort kaufen‹ konnte.«

Ford Model A

So erzählt John, der sich seit seinen Zwanzigern in der Rockabilly-Szene bewegt – daher auch sein gesteigertes Interesse an amerikanischen Wagen.

»Eilig rief ich den Verkäufer in Dallas, Texas, an, und wir unterhielten uns ausführlich über den Wagen – seine Autobegeisterung war spürbar. Richard hieß er, Richard Rawlings. Bei dem Namen denken bestimmt viele an die Gas Monkey Garage und die Fernsehserie *Fast N' Loud*. Die lief da allerdings noch nicht in Großbritannien, und so hatte ich glücklicherweise keine Ahnung, mit wem ich da sprach. Damit will ich nicht sagen, dass er sein Ego gestreichelt sehen wollte – ganz und gar nicht. Er erklärte, nach 2008 habe es zunächst einige andere Besitzer gegeben. Der Wagen sei durch mehrere Hände gegangen, nachdem man ihn aus der Scheune geholt habe, unter anderem habe er auch im SO-CAL Speed Shop gestanden. Ich hatte genug gehört: Den durfte ich mir nicht entgehen lassen. Wir einigten uns und besprachen die Überführung.«

Als Mitte der 1920er die Konkurrenz die Vormachtstellung, die Ford mit dem Model T im Automobilhandel einnahm, ins Wanken brachte, erkannte Ford die Gefahr und machte sich an ein Nachfolgemodell. 1928 ging Model A in Produktion; mit 4 858 644 Exemplaren war dies der zweite gewaltige Erfolg des Herstellers. Heute ist das Modell bei den Hotroddern heiß begehrt.

»Dies ist ein Einzelstück, zieht sofort die Aufmerksamkeit auf sich. Ich mag nicht zu viel daran ändern. Ein paar Teile habe ich ersetzt, die sich während der Überfahrt verflüchtigt haben. Davon abgesehen, habe ich kaum etwas gemacht: ein neues Dach, Haubenriemen, Scheinwerfer, seitliche Flügelscheiben – es muss auf jeden Fall zum Auffindezustand passen.«

»Ich bin kein grundsätzlicher Fan von Land Rover – nur von meinem. Er ist bestimmt kein typisches Einsteigerauto. Aber ich schraube gern an Motoren, mich fasziniert das Innenleben, und das findet man einfach nicht bei neueren Autos. Alt ist nicht dasselbe wie veraltet – wenn ich mit meinem SXF offen durch London fahre, habe ich ordentlich Spaß. Ein Wagen von heute kommt da nicht mit. Klar, vielen wäre es zu viel Wartung, und vernünftige Türschlösser und eine Heizung wären auch nett, aber wenn ich was Neueres kaufen müsste, um das zu haben, verzichte ich gerne drauf. Dass ich das Restaurieren sein lasse und lieber ein Einzelstück fahre, ist vielleicht etwas unorthodox – abwegig ist es aber nicht. Was man an seinem Auto macht, sollte für einen selbst sein, es sollte etwas sein, womit man es sich aneignet – ein nie fertiges Kunstprojekt«, erklärt Jack, Kaffeeröster in London und Fahrer dieses Land Rover Series I aus der Mitte der 1950er-Jahre.

Der ebenso anpassungs- wie strapazierfähige Land Rover wurde 1948 dem Markt präsentiert. Das erst im Vorjahr erstellte Konzept sollte einerseits die nach dem Krieg eingebrochene Nachfrage wieder hochtreiben und andererseits das Ego von Chefingenieur Maurice Wilks bestätigen.

Land Rover

Dieser hatte geprahlt, wenn er kein Offroad-Fahrzeug herausbringen könne, das dem Willys Jeep überlegen sei, sollte er sich besser einen anderen Beruf suchen. Schnörkellose Ingenieurskunst war der Schlüssel zum Erfolg, eine 1,6-Liter-Maschine mit starkem Drehmoment, Reduziergetriebe und permanentem Allradantrieb. Dem allgemeinen Mangel an Stahl begegnete man mit einer simplen gefalzten Karosserie aus der Aluminiumlegierung Birmabright. Mit 8000 verkauften Exemplaren gleich im ersten Jahr lag der Erfolg deutlich über der Zielmarke von 5000 Wagen.

»Dieser Land Rover war ursprünglich beim Zivilschutz eingesetzt; vor vier Jahren habe ich ihn meinem Kumpel Alfie abgekauft. Der hatte gehört, dass ich einen suchte, und gemeint, ich könnte ihn einfach so haben. Ein netter Gefallen, den die meisten wohl angenommen hätten, aber ich wollte lieber dafür bezahlen – zumal er ihn dann nicht zurückfordern könnte. Ich habe nun die ehemals rostschutzfarbene Karosserie blank geschliffen, ein paar persönliche Akzente gesetzt und einiges an der Technik verbessert. Jetzt scheint Alfie die Sache von damals zu bereuen, denn er hat um das Vorkaufsrecht gebeten, sollte ich den Wagen je verkaufen wollen. Mein Land Rover hatte nicht wenige Macken; manche ließen sich einfacher diagnostizieren als andere. So fing der Wagen eine Zeitlang völlig unkontrolliert zu blinken an, das sorgte für große Verwirrung und war äußerst peinlich. Ich dachte, ich hätte wirklich alles überprüft, bis ich den Blinkerschalter zerlegte und einen lebenden Ohrwurm fand, der immer mal wieder die Elektrik kurzschloss – sozusagen ein ohrwurmgesteuertes Navi.«

»Angesichts von Firmenwagen und Freibenzin konnte ich die Anschaffung eines Automobilklassikers nur schwer rechtfertigen. Bei einem Boot, das zufällig ein Autoklassiker war – oder umgekehrt – ging das schon eher. Auf meine Kleinanzeige für ein Amphicar erhielt ich recht bald eine Antwort. Das war 1985, ab da gab es für mich kein Halten mehr. Ein paar Jahre später fragte ich meine frisch Angetraute, ob wir unsere Hochzeitsreise abbrechen könnten, damit ich zu einer Auktion für ein heruntergekommenes Amphicar konnte, diesmal ein Rechtslenker. Zum Glück hatte ich eine sehr verständige Dame geheiratet – sie gestattete es. Drei Jahre und 4,8 qm Stahlblech später war das Amphicar versichert, für Land und Wasser zugelassen (als 4,25-Meter-Binnenmotorkreuzer) und bereit für seine Jungfernfahrt. Dies ist das einzige Auto, das neben dem Üblichen mit Schiffsschraube, Lenzpumpe, Positionslichtern und als i-Tüpfelchen einem Tiefenlot ausgestattet ist. Sehr nützlich für einen kleinen Abstecher nach Loch Ness. Das Amphicar verdanken wir derselben Designer-Generation, die uns die Concorde, das Luftkissenfahrzeug und das Wettrennen im All gebracht hat. Es war die Ära der Technikgläubigkeit«, erklärt uns David, stolzer Besitzer dieser aufsehenerregenden Wasser-Fahrzeug-Ikone.

Amphicar

Diese Hybriden waren vor allem für den US-Markt gedacht und wurden im Auftrag der New Yorker Amphicar Corporation von einem Unternehmen der weitverzweigten deutschen Quandt-Gruppe gebaut. Mit ihrer reichlichen Erfahrung im Bau von Amphibienfahrzeugen setzte die Firma nun auf die Zivilversion des Industriedesigners Hans Trippel. Diverse Kinderkrankheiten verzögerten die Markteinführung allerdings um mehrere Jahre. Obwohl das Projekt schon zu Beginn der 50er-Jahre in Angriff genommen wurde, fand der Stapellauf in Florida erst 1962 statt. Diese Verzögerung und das den Zeitgeschmack nicht mehr treffende Design führten zum Niedergang des gesamten Projekts; schlechtes Marketing und verschärfte Umwelt- und Zulassungsregularien für den Hauptabsatzmarkt USA gaben ihm den Rest. Anstelle der überoptimistisch geplanten 20 000 Exemplare jährlich wurden nur insgesamt 3878 produziert. Kaum mehr als 400 dieser herrlich exzentrischen Fahrzeuge dürften bis heute überlebt haben.

In seinem Heimatort sind David und sein Fahrzeug berühmt, besonders seit seinem heldenhaften Einsatz am Freitag, dem 20. Juli 2007. David erzählt: »Nach starken Regenfällen hatten die beiden Flüsse, die bei Tewkesbury zusammenfließen, die Straßen in der Gegend überschwemmt. Meine Söhne riefen mich ganz aufgeregt aus der Schule an, wo sie mit 500 hungrigen Mitschülern festsaßen. Als wären wir in einer Gerry-Anderson-Serie, startete ich mein Amphicar und machte mich auf den Weg. Mit maximal 8 Knoten umschiffte ich umgerissene Einkaufswagen und machte beim Supermarkt fest. Vollbeladen mit Hilfsgütern fuhr ich bis in die Nacht fünf Touren – diese Aktion machte weltweit Schlagzeilen.«

Crayford Ford Cortina

»Für mich wird der Ford Cortina Mark 3 immer der beste bleiben. Diesen habe ich 1985 gekauft, da war ich 21. Es war damals mein zweiter Mk3 und schon mein fünfter Ford. Für das nötige Kapital bin ich mit der Mütze in der Hand zur Bank gegangen und habe einen Kredit aufgenommen. Für ein Mk3 Cabrio hätte ich – bis zu einem gewissen Grad – alles getan. Erst bei der Besichtigung erfuhr ich von der Geschichte dieses Wagens: Er hatte dem Notarzt des Santa Pod Raceway in Northamptonshire gehört, das war die erste Dragster-Rennstrecke in Europa. Wann immer gefordert, raste der Arzt damit durch den Reifenqualm, um medizinischen Beistand zu leisten. Mich faszinieren das Beschleunigungsfahren und Pro-Street-Autos – Customs mit Straßenzulassung, die in den 1980er-Jahren sehr beliebt waren –, darum lockte mich ein Wagen mit solcher Vergangenheit doppelt«, erzählt Richard, dem der leistungsstarke Crayford-Umbau gehört.

»Es dauerte nicht lange, da kam der 2-Liter-Motor raus, ein 3-Liter V6 rein, aber das wurde auch bald langweilig, also tauschte ich den gegen einen 3,5-Liter Rover SDi V8. Damit und mit etlichen Upgrades bei der Mechanik und dazu Lachgaseinspritzung ist mein Crayford Cortina der schnellste, den es gibt. Schrauberei auf diesem Niveau ist für mich nichts Ungewöhnliches – ich mache das seit meinem ersten 50er Moped. Aber alles, inklusive Lack, musste entweder in einer

Mittagspause oder am Wochenende fertig werden, schließlich fuhr ich damit zur Arbeit. Irgendwann begann ein Flugplatz in der Nähe, Dragsterrennen zu veranstalten, da habe ich mich gefreut wie ein Schneekönig, das dürfen Sie mir glauben – ich stand als einer der ersten vor dem Tor!«

Der Ford Cortina Mk3 (1970–1976) kopierte das in den 70ern beliebte amerikanische »Colaflaschenstyling«, die Karosserie mit Wespentaille. Die 1962 gegründete Firma Crayford Engineering, die auch den Hornet-Umbau für Heinz 57 ausführte (vgl. Seite 25), war auf den Umbau europäischer Coupés und Limousinen zu Cabrios und Kombis spezialisiert. Crayford war erpicht auf einen weiteren Erfolg wie beim Cortina Mk2 Cabrio, dem bis dahin größten Verkaufsschlager der Werkstatt. Der Mk3-Umbau wurde nicht als Cabrio, sondern als Sunshine Conversion vermarktet; er besaß ein Faltdach über die ganze Dachlänge, wodurch die Seitenfenster erhalten blieben und damit die Karosseriesteifigkeit. Über 400 Exemplare dieses Umbaus verließen die Werkstatt.

»Ich konnte nie von meinem Vater lernen – er starb, als ich elf war. Das Polytechnikum lehnte mich wegen schlechter Noten ab. Alles, was ich über Motoren weiß, musste ich mir selbst erarbeiten. Darum helfe ich meinem Sohn Craig beim Restaurieren seines Capri III, wo ich nur kann. Wie man an seiner Begeisterung für die Marke Ford sieht, fällt der Apfel nicht weit vom Stamm.«

Nützliche Adressen

Autoclubs

Alfa Romeo
www.aroc-uk.com

Amphicar
www.amphicars.com

Aston Martin
www.amoc.org

Bristol
www.bristolcars.info/forums/

Cadillac
www.cocgb.dircon.co.uk

Corvette
www.corvetteclub.org.uk

Crayford
www.crayfordconvertibleclub.com

Daimler SP250 Dart
www.daimlersp250dartownersclub.com

Ford Consul
www.mk2consulzephyrzodiacownersclub.co.uk

Frazer Nash BMW
www.frazernash.co.uk

Honda S800
www.hondas800sportscarclub.co.uk

Jaguar XJ-S
www.xjsclub.org

Karmann Ghia
www.kgoc.org.uk

Lagonda
www.lagondaclub.com

Land Rover
www.lrsoc.com/forum/

Lotus Elan
www.lotuselansprint.com

Mercedes-Benz
www.mercedes-benz-club.co.uk

MG TC
www.mgownersclub.co.uk
www.mgtcownersclub.com

Morris Minor
www.mmoc.org.uk

Nash Metropolitan
www.metropolitanownersclub.co.uk

Peugeot
www.clubpeugeotuk.org

Porsche
www.porscheclubgb.com
www.914club.com

Reliant Scimitar
www.reliantownersclub.co.uk

Renault
www.renaultownersclub.com

Saab
www.saabclub.co.uk

Simca
www.simcatalbotclub.org

Škoda
www.skodaowners.org

Studebaker
www.studebakerownersclub.org.uk

Talbot
www.simcatalbotclub.org

Triumph
www.tr7.co.uk

TVR
www.tvr-car-club.co.uk

Vauxhall
www.mk2cav.com

Vignale Gamine
www.mixe.demon.nl/gamine/gamine_links.htm

VW Buggy
www.manxmaniac.co.uk

VW Golf
www.vwgolfmk1.org.uk

Westfield
www.westfield-world.com

Wolseley
www.wolseleyownersclub.com

Deutschsprachige Markenclubs:
www.kfz.net/automobilclubs/
www.autobild.de/klassik/artikel/automobilclubs-fuer-oldtimer-und-klassiker-1799551.html

Verkauf & Reparatur

Claremont Corvette
Verkauf, Reparatur, Teile
www.corvette.co.uk

Frank Dale & Stepsons
Rolls-Royce und Bentley –
Verkauf und Reparatur
www.frankdale.com

Dream Cars
Verkauf amerikanischer Automobilklassiker
www.dreamcars.co.uk

Eclectic Cars
Verkauf ungewöhnlicher Fahrzeuge, Oldtimer-Reparatur
www.eclecticcars.co.uk

Vermietung

Classic Car Club
www.classiccarclub.co.uk

Classic Car Hire
www.classiccarhire.co.uk

Museen

Beaulieu National Motor Museum
www.beaulieu.co.uk

Brooklands Museum
www.brooklandsmuseum.com

Haynes Motor Museum
www.haynesmotormuseum.com

Bildnachweis

Unser herzlicher Dank gilt all den Fahrzeugbesitzern, deren »coole Cabrios« wir im Bild festhalten durften.

Sämtliche Fotos von Lyndon McNeil.
www.lyndonmcneil.com

Innig geliebt

Seite 12–15	Morris Minor 1000, Colin Frost, Kent
Seite 16–19	Studebaker, Richard Pratt, Oxfordshire
Seite 20–21	Lotus Elan Sprint, Carl Pereira, St Neots, Cambridgeshire
Seite 22–24	MG TC Midget, Chris Parkhurst, Buckinghamshire
Seite 25–27	Wolseley Hornet, Bill und Kate Bell, Merseyside
Seite 28–31	Cadillac Series 62, Stewart Homan, Surrey
Seite 32–35	Lagonda M45, James Mann, East Sussex
Seite 36–37	Vignale Gamine, Sheridan Bowie, Kent
Seite 38–39	Honda S800, John Tetley, Cheshire
Seite 40–41	Renault Caravelle, Fred Parker, East Sussex

Erstklassig

Seite 44–45	Rolls-Royce Phantom II Continental, David Morgan, Hertfordshire
Seite 46–49	Karmann Ghia, Martin Fulwell, Staffordshire
Seite 50–53	Daimler SP 250 Dart, Win Percy, Dorset
Seite 54–56	Mercedes-Benz 380SL, Samuel Cise, Surrey
Seite 57–59	Alfa Romeo, Ian Packer, Buckinghamshire
Seite 60–63	Frazer Nash BMW 328, Gary Pusey, Hampshire
Seite 64–65	Ford Consul, Reg Wernham, Oxfordshire
Seite 66–69	Corvette Sting Ray, Dieter Orton, Surrey
Seite 70–72,	Jaguar XJ-S, Tom Pegg, London
Seite 73–75	Bristol 405, Geoffrey Herdman, Herefordshire
Seite 76–79	Aston Martin DB6 Vantage Volante, David Richards CBE, Warwickshire
Seite 80–83	Fiat 1100 Barchetta & Bandini Siluro, Daniele Turrisi, Italien

Youngtimer

Seite 86–88	Triumph TR7, Darren Hartman, Essex
Seite 89–91	Vauxhall Cavalier, Tomas Kaloczi, Hertfordshire
Seite 92–95	Porsche 914, Andy Talbot, Merseyside
Seite 96–98	Škoda Rapid, Colin Iles, Wiltshire
Seite 99–101	TVR 450 SEAC, Andy Hutcheson, Cambridgeshire
Seite 102–104	VW Golf GTI, Toby Restorick, Cheshire
Seite 105–107	Reliant Scimitar SS1, Philip Andrew, Berkshire
Seite 108–109	Saab 900 Turbo, Richard Bone, Birmingham
Seite 110–113	Peugeot 304, Mark und William Bray, Hampshire
Seite 114–117	Talbot Samba, Terry Curtis, West Sussex

Individualisten

Seite 120–123	Westfield Eleven, Chris Todd, Surrey
Seite 124–127	VW Buggy, Peter Gibb, Kent
Seite 128–131	Nash Metropolitan, Myia Hancox, Surrey
Seite 132–135	Cadillac Eldorado, Bill Thompson, Essex
Seite 136–139	Simca Océane, Dick Husband, West Midlands
Seite 140–143	Ford Model A, John Dewhurst, Hampshire
Seite 144–147	Land Rover, Jack Coleman, London
Seite 148–151	Amphicar, David Chapman, Worcestershire
Seite 152–155	Crayford Ford Cortina, Richard Wood, Essex

zusätzliche Bildinformationen: Seite 1 Corvette Sting Ray; Seite 2–3 Bristol 405; Seite 4 Bandini Siluro; Seite 6 Lagonda M45; Seite 9 Amphicar; Seite 10 Lotus Elan Sprint; Seite 42 Frazer Nash BMW 328; Seite 84 TVR 450 SEAC; Seite 118 VW Buggy; Seite 157 (von oben) Fiat 1100 Barchetta, Simca Océane und Alfa Romeo; Seite 160 Frazer Nash BMW 328

Dank

Es scheint noch gar nicht lange her, da wartete ich mit angehaltenem Atem auf die ersten Rezensionen von *Mein wunderbarer Wohnwagen*, meinem ersten Buch in dieser »coolen« Reihe. Mein Dank geht daher zuvorderst und von ganzem Herzen an unsere treuen Fans. Euch und Fiona Holman bei Pavilion Books ist es zu verdanken, dass nun bereits mein siebter Band in dieser Reihe vorliegt – wer hätte das gedacht?

Sehr verbunden sind wir den Besitzern der grandiosen Fahrzeuge, die wir in diesem Buch vorstellen. Nur durch etliche spontane Terminänderungen ließ sich aus dem verregneten Sommer das Beste herausholen – unser herzlicher Dank an Sie alle für Ihre Flexibilität. Und auf die Gefahr hin, dass ich mich wiederhole: Nur durch die begeisterte Mitwirkung all derer, die in diesen Büchern zu Wort kommen, deren Herzblut darin spürbar wird, spricht diese Reihe ihre Leser so erfolgreich an. Es macht mich stolz, meinen Namen auf diesen Titeln zu sehen.

Den vorliegenden Band widme ich Lyndon McNeil. Er ist mir ebenso sehr Freund wie Kollege und überhaupt ein rundum toller Kerl. Fünf Titel haben wir nun gemeinsam realisiert, und immer »liefert« er. Grummeln kennt Lyndon nicht – ein Zeichen für den echten Profi. Wir sind ein gutes Gespann – ein Hoch auf die Zukunft und alles, was sie bringen mag!

Wir beide, Lyndon und ich, hoffen, dass Ihnen dieses Buch beim Lesen genauso viel Spaß bereiten wird, wie uns die Arbeit daran gemacht hat.

Chris Haddon
Chris Haddon verfügt über mehr als zwanzig Jahre Design-Erfahrung. Seine Begeisterung gilt allem, was in die Kategorien Retro und Vintage fällt. Zu seiner Sammlung gehört unter anderem ein umgebauter Airstream aus den Sechzigern, in dem er sein Design-Studio eingerichtet hat.

Lyndon McNeil
Schon als Schüler hatte Lyndon McNeil immer eine Kamera griffbereit. Seither hat er sich auf alles mit Rädern spezialisiert; seine Fotoarbeiten sind in den weltweit größten Motormagazinen erschienen. Die »coole« Buchreihe profitiert von seinem Blick für das perfekte Bild.

Titel der Originalausgabe: *My cool Convertible*
Die englische Originalausgabe ist 2016
bei Pavilion Books, London, erschienen.

Text Copyright © Chris Haddon 2016
Redaktion: Fiona Holman
Fotografien: Lyndon McNeil
Styling: Chris Haddon
Design: Steve Russell
Herausgeberin: Ian Allen

Deutsche Erstausgabe
Copyright © 2017 von dem Knesebeck GmbH & Co. Verlag KG, München
Ein Unternehmen der La Martinière Groupe
Übersetzung: Claudia Arlinghaus
Lektorat und Satz: Akademischer Verlagsservice Gunnar Musan
Druck: Toppan Leefung Printing Ltd
Printed in China

ISBN 978-3-86873-932-9

Alle Rechte vorbehalten, auch auszugsweise.

www.knesebeck-verlag.de